"地球"系列

MOUNTAIN

山脉

[英]韦罗妮卡·德拉·多拉◎著
丁 岚◎译

上海科学技术文献出版社
Shanghai Scientific and Technological Literature Press

图书在版编目（CIP）数据

山脉/（英）韦罗妮卡·德拉·多拉著；丁岚译. —上海：上海科学技术文献出版社，2024
ISBN 978-7-5439-9013-5

Ⅰ.①山… Ⅱ.①韦…②丁… Ⅲ.①山脉—普及读物 Ⅳ.①P941.76-49

中国国家版本馆 CIP 数据核字（2024）第 048854 号

Mountain

Mountain by Veronica Della Dora was first published by Reaktion Books in the Earth series, London, UK, 2016. Copyright © Veronica Della Dora 2016

Copyright in the Chinese language translation (Simplified character rights only) © 2024 Shanghai Scientific & Technological Literature Press

All Rights Reserved
版权所有，翻印必究

图字：09-2020-503

选题策划：张　树　　　　责任编辑：姜　曼
助理编辑：仲书怡　　　　封面设计：留白文化

山　脉
SHANMAI
[英]韦罗妮卡·德拉·多拉　著　　丁　岚　译
出版发行：上海科学技术文献出版社
地　　址：上海市长乐路 746 号
邮政编码：200040
经　　销：全国新华书店
印　　刷：商务印书馆上海印刷有限公司
开　　本：890mm×1240mm　1/32
印　　张：5.75
字　　数：105 000
版　　次：2024 年 4 月第 1 版　2024 年 4 月第 1 次印刷
书　　号：ISBN 978-7-5439-9013-5
定　　价：58.00 元
http://www.sstlp.com

目 录

前 言   1

第一章   山脉的重要性   1

第二章   山脉：圣洁和邪恶   15

第三章   山脉：生与死   25

第四章   山脉和视野   56

第五章   山脉和时光   87

第六章   山脉、科学和技术   111

第七章   山脉和遗产   138

后 记   166

前　言

　　山脉是所有地理特征中最为持久的一种形态，往往最先映入眼帘。它们坚硬的石头超越了人类的时间范畴，这是一种绝对的存在方式。这些强大的岩石和山峰是古代宇宙论和大多数神话叙事的核心元素。它们的文化历史在很大程度上就是我们与自然的历史。

　　荒野和神圣有两个主要的相似之处。首先，它们能让人们从琐碎的生活中抽离出来。其次，从字面上看，它们都能引发人们的困惑和惊叹。荒野既有心理上的，也有地理上的寓意：它可以是一种心境，也可以是土地的一种状态。然而对于今天的许多人来说，"荒野"一词唤起的是怀旧、怜悯之心，甚至可能是道德上的罪恶感，而不是压迫感或神秘感。在西方地理的想象中，荒野如同神圣的土地一般，不再是无尽的土地，而是一个脆弱的群岛，需要束缚。

　　荒野和神圣在山峰上交汇，人们对这两个概念的态度也在转变。从历史上看，山脉兼具排斥性和吸引性。它们因被认为是神话故事中神圣的升华之地，神灵和魔

山 脉

多洛米蒂山的日落

鬼的宿址,隐士和革命者的住所而受到赞赏或鄙视。如今山脉虽然被人类不断征服,却依然吸引着寻求精神安静和极端情感,以及那些想要短暂逃离现实生活的人。山脉是完全不同的神圣之物。"飘浮在云层之上,从迷雾中显现出来,山峰似乎属于一个与我们所知的世界完全不同的世界。"它们渴望与世俗的事物分离,摆脱烦扰,哪怕是短暂的片刻。

山脉的历史与我们的文化价值、审美品位和科学实践深深交织在一起。几个世纪以来,人类的想象力不断在土地上开辟出新的山峰,同时也有其他的山峰因采矿遭到破坏。也许有人会说,山脉既是地质形态,又是社会构造。然而,关于山脉的某些基本要素超越了我们试图赋予它们的意义。山脉是如何形成荒野和神圣概念的呢？关于荒野和神圣之间的关系，山脉教会了我们什么？归根结底，山脉对我们与我们的星球有什么影响？本书会针对这些问题进行讨论。

第一章　山脉的重要性

在我们的人生旅途中，或许至少会遇上一次"问题堆积如山"的情况。有些人可能发现自己经常"压力山大"。日常用语中用山脉来打比喻、做修饰，就如同它们点缀着地球表面一样，山脉在我们的语言和文化中扮演着重要的角色。无论是其物理形态还是其隐喻意义，山脉都以巍然屹立的状态和参天的气势震撼着我们。事实上，拉丁语中的"山脉（mons）"和"杰出"有着相同的词根。13世纪被收录到英语词汇中的"amount（数量）"一词也是来自拉丁语词组"montem（到山上）"。

山脉覆盖了地球表面积的24%，尽管大多数山脉早于人类存在，但是它们绵延巍峨的形象始终是人类历史上亘古不变的点缀。由于其突出性，一些山脉为不同的文明提供了独特的地标，或被认为是神话传说中诸神的寓居之所（例如古希腊的奥林匹斯山和纳瓦霍的泰勒山）。山脉也为人类提供必要的庇护和屏障。在古代，它们阻挡了士兵对罗马帝国的入侵，而在第二次世

多梅尼科·迪·米切利诺绘制的《但丁的神曲》（1465年），佛罗伦萨花之圣母大教堂上的壁画

界大战期间，山脉成了防御的堡垒。在近代欧洲，新兴国家借助阿尔卑斯山脉和比利牛斯山脉等划定了界限，而在18世纪，乌拉尔山脉被认定为欧、亚两洲的分界线。

层峦叠嶂、高耸入云的山脉被视为天然的屏障，是一种障碍和挑战。但丁把炼狱想象成一座山脉；约翰·班扬笔下刻画的朝圣者在其一生的旅程中，同样要穿越一座座高山，包括艰难山。在班扬的书中，中年人生活在庞大工作量和"压力如山"的状态下，这意味着长期的一系列日常挑战需要通过毅力和忍耐来克服。

有句谚语，"国破山河在"。众所周知，山脉很难移动，象征着坚定不移的环境（从而需要适应环境）、人类习惯和信仰。

虽然山脉看似是所有地理物体中最坚固和最稳定的，然而从语义上来讲，它们也可能是最不稳定的。认识并指出一座山很容易，却很难确定山到底是什么。如果你让别人画一座山，通常他们会画一个清晰的三角形，但是这个形状并不是我们大多数时候在自然界中发现的那样。约翰·拉斯金观察到，"这很奇怪，即使在最雄伟的山脉中，也很难发现一座山峰有真正字面意义上形容的最尖端，直指顶部，四面陡峭"。这些具有原始形状的山脉通常受古代神话和现代登山者的青睐。然而，这些山脉只是例外，并不是绝大多数。

第一章　山脉的重要性

实际上，山脉大小和形状各异，从雄伟壮观的喜马拉雅山脉，高耸超过8 000米，到矮小却引人入胜的多洛米蒂山；从拥有特殊三角锥造型的马特洪峰到有金字塔圆锥形状的克罗帕特里克山；从安第斯山脉出发，横穿南美大陆7 000千米，再到亚平宁山脉，沿着意大利半岛往外延伸1 200千米。这些山脉构成了地球上壮观的自然景观。此外，在爱琴海，偶尔会有一些孤立的山峰屹立在地平线上，因此即使是中等高度的山峰也具有视觉上的冲击力，并且从古至今一直是用来定方位的稳定地标。相反，在英格兰和威尔士，山脉成堆成块，杂乱地交错开来，直至谷底。

我们把雪山和低矮的山丘统称为山脉。其中山丘似乎是在全球范围内反复出现的一个城市特征。从坐落于巴黎，比巴黎圣母院高出几米的圣吉纳维芙山，到中国香港的山顶电车，再到位于加拿大蒙特利尔市中部的城市公园的皇家山，这些城市与山脉紧密相连，形成了独特的景观。而以"berg"（山脉）为词根的德国城市名称更是验证了这一现象。我们也将高原和沙丘称为山脉，后者可以高达200米，大大超过了阿尔维尼亚山和巴哈马山（63米）的海拔高度，甚至法国北部高156米的卡塞尔山也相形见绌。我们将带有石灰岩或花岗岩纹理结构的山峰，以及活跃和休眠的火山锥体统称为山脉，例如西西里岛的埃特纳火山和位于坦桑尼亚的乞力马扎罗山。尽管在所有的地理物体中，我们将山脉视为最可见

山 脉

的，但我们也把其中一些看不见的山峰统计到山脉中。例如探索最少的、穿越太平洋深海平原的海底山脉。其中有1万多座被淹没的山峰无法露出海面。这些海山的高度达4 000米，甚至比日本的富士山和南极洲的埃里布斯山还高。

　　山脉是由地壳的褶皱、断层或抬升而形成的，例如由构造板块碰撞或者火山岩浆喷射出地表形成。大型山脉，如喜马拉雅山脉、安第斯山脉和阿尔卑斯山脉等，是由地壳漫长而缓慢的运动形成的。相反，像乞力马扎

乞力马扎罗山

第一章 山脉的重要性

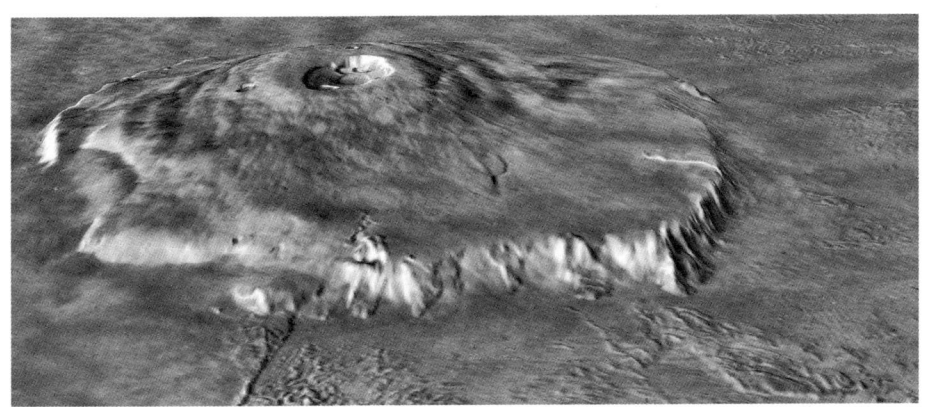

火星上的奥林匹斯山

罗山或富士山等的火山锥是由一层层的硬化熔岩和其他喷发物质逐渐堆积形成的。它们的形状和黏稠度取决于底层的岩石结构和不同的侵蚀力,例如霜冻和重力,所以山脉是陆地表面的特征和产物。

我们同时也测量地球外的山脉高度。我们在其他行星上发现了最高的山峰,其中火星上的奥林匹斯山,海拔21 171米,约为珠穆朗玛峰的三倍高。有时候我们也把人造的土(石)堆称为山脉,在爱沙尼亚东部平坦的平原上出现的山脉就是很有趣的例子。有些是被松树覆盖的小金字塔圆锥体;有些像微型的小山脉群。这些人工山是旧时的记忆。它们被埋在废弃的苏联油页岩矿的空洞深处,是女性手工艺的产物。因为直到20世纪60年代末,将石头从矿山转移到地面都是女性的功劳。如今,这些奇特的由自然和人类劳动混合的创造物,像大多数欧洲山脉一样,已经发展出自己特有的微型环境和休闲产业。

山　脉

爱沙尼亚的油页岩山脉

那么，什么是山？我们是否可以根据海拔、大小或形状来定义山脉？这些标准在不同文化之间是否一致？世纪变迁，它们是否巍峨不动？这座山的尽头在哪里？那座山又从哪里开始绵延？

山脉是一个相对很难给出一个明确定义的类别。尽管我们可以很容易视觉化一座山，要在概念上去设置边界却要难很多。而且山脉也没有确定的物理边界。虽然山脉与山坡上方的空气的边界可能很清晰，但通常情况下，当我们向着山脚下行时，根本没有一个可选择的边界用来划分。法国地理学家劳尔·布兰查德在介绍朱尔斯·布拉切的著作《人与山》时表明不可能对山脉进行令人满意的定义。而当地理学家们被迫提出一个定义（比如在百科全书中）的时候，他们总是不情不愿。

山脉和山丘的区别是什么？一个很显而易见的答案——高度。一般来说，山脉比山丘要高很多。但是具体高多少？在克里斯托弗·蒙格的浪漫喜剧《情比山高》（1995）中，一战期间，当两个英国测量师告知村民，按规定高于305米方能称为"山脉"，而临近的富农加鲁山略低于标准，只能判定为一个山丘的时候，这激怒了整个威尔士村庄。这令它丧失了被标注在官方地图上的资格，并且在村民的思维中，这个结果可能会改变威尔士的边界。愤怒的村民们随后决定用自己的双手垫足相差的高度，并开始在山丘顶部堆放从家里花园挖掘出的土壤。最终山丘被抬高到了规定的高度，有资格称为山脉，被标注在了官方地形测量地图中。

虽然这个故事是虚构的，但是它强调了任何绘图过程固有的选择性（即排他性）及其反常的逻辑性。最终电影也提醒我们，任何对包括山脉在内的地貌进行分类的尝试都具有虚假性和局限性。

然而通过数字来定义峰值绝非虚构。美国地理名称委员会曾经将一座山的特征定为高304米左右或更高，但这种分类在20世纪70年代初就被废弃了。如今美国地质调查局推断该术语在美国地理名称委员会并没有技术性的定义。相比之下，标准的英国官方地形测量分类仍将610米作为区分山丘和山脉界限的标准。

因此，业余调查者发现以610米作为界限标准比之前想象的要高76厘米后，位于威尔士斯诺登尼亚国家公

克里斯托弗·蒙格的浪漫喜剧《情比山高》中的村民和其他人

园的一座山被正式划分成为山脉。这是当代对蒙格电影的再现。

高度并不是定义一座山脉的唯一标准。地质学家就根据山脉的构造,而不是海拔高度来定义山脉。洛威尔·托马斯观察到:平原和高原上一些崎岖不平的高地,例如,在加拿大和纽约市,有一些平坦的低洼岩石表面,从地质学意义上说,这些岩石表面是真正的山脉。之所以很低矮,是因为它们已经被侵蚀到接近海平面,但是由于其潜在的地质构造,它们仍被称为山脉。

相比之下,字典里对于山脉的定义往往侧重于视觉特征。《韦氏词典》里面强调山脉的能见度、形状以及与周围环境的关系。描述山脉为一种远远高于周围环境的地貌,通常呈现出陡峭的斜坡、相对狭窄的山顶区域和相当多的局部起伏。其他词典对于山脉的定义则强调自然度量和其在景观中的位置。《麦克米伦词典》定义山脉为一种自然结构，就像一座比周围基本水平面高很多的大山。在其他语言中，包括法语和阿拉伯语，也有类似的定义。

这些定义将山脉的命名置于特定的景观环境中，从而指导人类的体验。但是，这个原则是相对的，在大多数情况下具有特定的文化性。历史地理学家伯纳德·德巴尔比厄指出："从远处看，像里昂或都灵等城市的居民会称阿尔卑斯山为'山脉'，但是对于居住在阿尔卑斯山谷的人来说，'山脉'是高地牧场和途径的山路（而不是山顶），认为将其称为'山脉'可能不恰当。"类似地，希腊北部阿索斯山的最高点为 2 033 米，阿索斯山的修道士们将山脊的上部称为"山脉"，但将山峰简单地称为"阿索斯山"。

定义山脉的另一种方法是采用制图法（与景观方法相反）。这是俯视图，而不是地面视图。在这种情况下，山脉是作为独立客体或地平线上断裂的部分出现，而不是作为组合系统中的部分客体出现。阿兹特克人将"山脉"和"水域"结合成的复合词作为领土单位，并将整个世界想象成此类词汇的集合。

有时山脉的形状神似书法，立于天地之间，蜿蜒的走势彰显天地的气韵与和谐。在 15 世纪发展起来的托勒密地方志表和世界地图中，山脉同样是大陆的坚实支柱，

山 脉

位于希腊北部的阿索斯山西面斜坡上的风景

这和它们在传统的地图上起到的作用是一样的,都可以用来划定区域。此外,山脉也是地球的重要支撑。

通过直接经验和全球视野将山脉概念化的方法不需要标准化,那么是从什么时候开始测量山脉的?为什么要测量呢?山脉作为一类可测量的独立客体,是典型的观察和想象的产物,这种观察和想象下的世界不再是一个有机体,而是装载着地貌的容器。德尼·狄德罗在他的多卷丛书"科学、美术与工艺百科全书"中陈述山脉为"成块、不均衡的分布,使地球表面崎岖不平"。虽然海拔的概念在 17 世纪就出现了，但直到 18 世纪才完全确立下来。测定山脉的高度成为更大范围的启蒙运动，基于理性、测量和分类的普遍性知识而展开。从地面至峰顶的测量和海洋深度的测量同步进行。伯纳德·德巴尔比厄指出，测量山脉有助于限制边界，并将其变成轮廓分明的客体。所以山脉不再作为背景，而是以其自身独有的特点存在着。

高度测量可采用绝对的、普遍适用的等级，这使得世界各地不同类型的山脉可以进行直接比较。19 世纪，学生地理课要求记忆山脉的名字和高度（以及河流的长度），如今这些知识仍然是世界各地小学的授课内容之一。教科书和地图册中集中大量绘制"最高峰"的比较表和全球地图，通过同类事实的比较，引入现代科学并简化成一般原则。因此，钦博拉索山、珠穆朗玛峰、乞力马扎罗山、埃特纳火山、勃朗峰甚至是直布罗陀岩，都从地理背景中脱离出来，并以坐标方格或比例尺的形式组合在一起，这往往令人产生新的想象并试图重新定义山脉。

经过科学测量，"山脉"一词本身的定义发生了变化。在 19 世纪中叶，德国地理学家卡尔·里特尔提出了该术语含义含糊不清的问题。1873 年，奥地利军事测量师和地理学家卡尔·冯·桑克拉提出了"山脉"一词的第一个定量定义。他根据山丘和山脉之间的区别来确定地形，并将阈值设置为从谷底到山顶的 200 米。大约 20

年后，德国地理学家阿尔布雷希特·彭克将一座山脉定义为"从给定位置向四面八方下降的区域"，从而确认了其作为独立物体的地位。

在接下来的一个世纪里，对山脉新的定义涵盖了植物学和社会学等其他要素。科学的定义反映了山区的特定地形和地形气候条件。例如，在1942年，来自慕尼黑的地理学家和植物学家特罗尔·卡尔以景观生态学的标准（例如不同类型植被的海拔极限）为"山脉"的定义奠定基础。相反，最新的定义更倾向于强调"人"这一要素。例如，欧洲委员会将山区解释为"其海拔、倾斜的地形和气候创造了影响人类活动的、特殊条件的地区"。

有关山脉的地域性、宏观性和科学性的定义都反映了不同的观察方式。置身于山间，仰望高耸入云的山峰，会对自然产生敬畏和恐惧；而从远方凝视山脉，则可以感受它的宏伟和壮观。山脉孤立于天地间，或与群山相连的景象能引发人们对自然环境的认知与思考。这本书的主题涵盖了视觉和时间、科学、技术和传统等多个方面。这些主题存在两个基本的对立面：横向的限制和纵

加德纳的雕刻品，节选自史密斯《世界主要山脉高度对比图》（1820年）

阿根廷莫雷诺冰河

山 脉

向的延伸,以及由此产生的敬畏和恐惧。正是通过这些对立面的比较和平衡,山脉才得以成形,并成为我们塑造环境意识和世界观的参照物。

约翰·道尔的雕刻品《世界主要河流的长度与主要山脉的高度》,摘自《世界新地图集》(1844年)

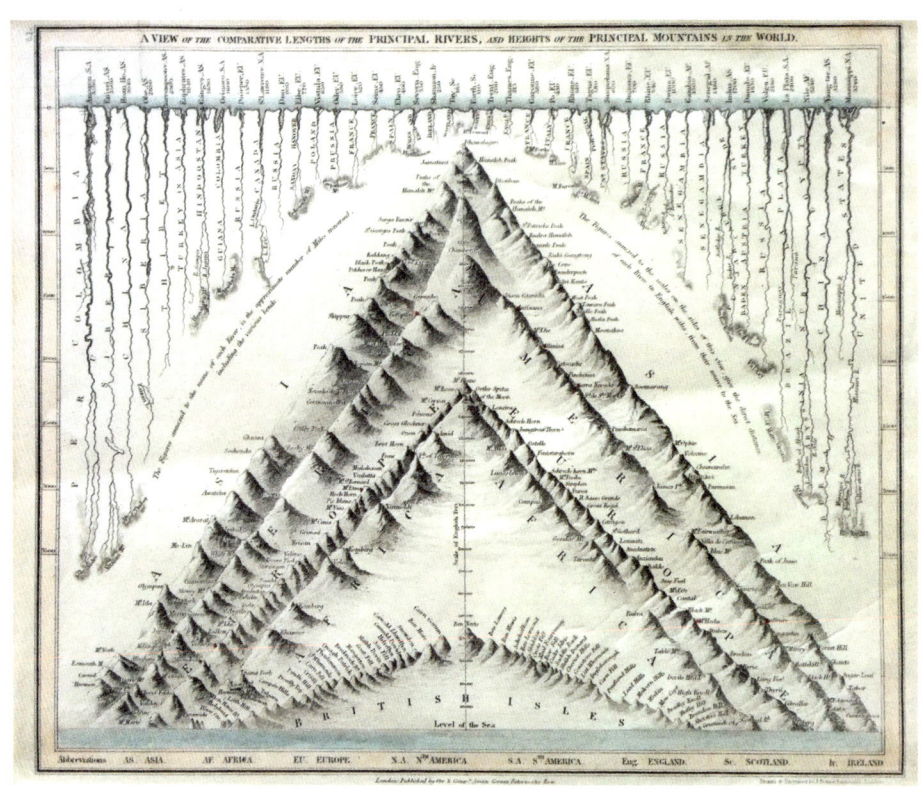

第二章　山脉：圣洁和邪恶

"圣洁"一词源自日耳曼语的"*halig*",意指某物必须被"完整"或"完好无损地"保留,神圣而不可侵犯。相比之下,古希腊语中的"圣洁"一词更多的是关于直接解释:"圣"来自动词"*azomai*",意思是"敬畏或恐惧"。山脉的历史建立在两种含义的紧张关系上:敬畏的顺服和无言的恐惧;脱离平凡和追求卓越。正是通过这种分离的行为,或者确切说,通过与意料之外的、完全不同的事物之间的突然相遇,人们才会关注内在的自我。

以乞力马扎罗山、富士山、阿陀斯山或克罗帕特里克山的圆锥体来说,它们都会导致平直的地平线意外中断,这太令人惊讶了。又或者是马丘比丘高耸的山顶,日落时分西奈山巧夺天工的岩石,迈泰奥拉砂岩峰在色萨利平原上投下的暗影:景色如此壮观,美得无法用言语形容。

山脉的层峦叠嶂、神态各异或仅仅是其与周围环境的"差异"早已引起了不同文化的关注。世界各地不同类型的山脉体现了不同的价值观和志向。

富士山优美的圆锥形山体代表着对美丽和朴素的追求。即使是在现代社会中，珠穆朗玛峰也被视为是信仰如磐的典范。一些不太出名的山脉也享有同样的突出地位。对于罗马人来说，坐落在古罗马广场上的高40多米的帕拉蒂尼山就是世界的中心。

在某些神话故事中，山脉的恶劣性恰恰为魔鬼提供了隐秘的住所。纵观历史，阿尔卑斯山和斯堪的纳维亚山脉的顶峰原来并不是圣地，直到19世纪，它们也并不像我们现在欣赏的那样，自带浪漫气息。荒凉、贫瘠笼罩着山脉，直到人类攀登和测量过山脉之后，高耸的山峰才褪去神秘的面纱。

不同的山脉代表不同的、神秘的地理特征。它们可以充当地标、中心和边界。不论山脉的准确高度和地理位置如何，它们都具有深远的象征意义。它们虽镶嵌在地球表面，却可刺破苍穹，似一座桥，连接四面八方。山脉既是象征性的现实物质，又是体现精神世界的载体。本章简要介绍一些神圣的山峰，并且探索在各个历史阶段，不同的山地地理如何构建世界各地不同文明的多样宇宙观。

链和地标

大多数情况下，高地影响着人们世界观和宇宙观的塑造。最初，"阴"和"阳"这两个字指的是山的有阴影的一面和有阳光照射的一面。渐渐地，这两个字被指定为互补的对立面。在中国的高地，这些宇宙力量得以汇聚。山脉在中国传统文化里被视为地球和自然的骨骼，是万物的起源，是阴阳交替的地方。中国山水画家提出的"一山千面"表达了内在的生命力及其与不断变化的构造的结合。

隐秘在山间的庙宇和虬枝盘绕的松树装饰着奇形怪状的石灰岩和花岗岩尖顶，也装饰着青草丛生的山坡和嶙峋突兀的隆起，中国的高地生机勃勃，为世人展示了宇宙生命的活力和更新迭代。

在一些国家，形状规则的山脉和高海拔山系格局同样借用择址选形的古老文化，定墓地选址。传统上，人们会将逝者埋葬在被认为是吉祥的地方，而不是葬在墓地里。宇宙中巨大的恒星被称为"天体动物"，从陆地上看，它们的形状千奇百怪。据说它们可以传递特殊的能量，并且保佑逝者后代的繁荣昌盛。因此，山脉和山丘脊部的特殊构型映射了这些宇宙形态，并继续点缀着坟墓。在古代关于吉祥墓地的纠纷经常发生。现今，人们也为自己和家人选择合适的墓地。为了让建筑格局更顺应一些观念，一些山坡被夷为平地，另一些则被富丽堂皇的墓地挤满了。这种现象已经引起了环保主义者的关注。

而在一些文化中，矗立在景观之外的山峰地位超然。如此显著的高度对于身体和精神的引领都是强有力的。

中国安徽省黄山上的雾和云

山脉

相距几百千米的新墨西哥州泰勒山、亚利桑那州的旧金山峰、科罗拉多州的布兰卡峰和普斯佩鲁斯山,界定了纳瓦霍祖先部落的边界。纳瓦霍人将四个方位、一天中的时间以及不同的颜色与四座山脉关联在一起。例如,布兰卡峰是代表着黎明和白色,普斯佩鲁斯山代表着黑夜与黑色。

和西方地图不同的是,传统的纳瓦霍地图是用沙子制成的。它们由各自所代表的现实物质雕刻而成。布兰卡峰和普斯佩鲁斯山的标识分别是白色贝壳和黑碧玺,而泰勒山和旧金山峰则是绿松石和鲍鱼壳。每次发生自然灾害时,这些临时性的地图都会在仪式中重塑宇宙秩序。随着日起日落,阳光照耀在四座山峰上,纳瓦霍人会追逐着太阳顺时针方向边唱歌边跳舞。实际上相距遥远,在地图上却聚集在一起的四座山峰共同创造了神圣的空间。即使不在彼此的视野范围之内,这些山脉之间的互联仍然塑造了一个充满想象的区域。

然而,在古代的爱琴海,山脉之间的距离虽然更加接近,但它们之间的互联却是通过视觉来实现的。公元前3000年至公元前1500年,在克里特岛上盛行崇拜"大山母亲"。一位被人们供奉在高地、主司农业的女神,神力可以令土地肥沃。不会因为太高被禁止攀登,也不会因为太低而无法观察,克里特岛上的山峰高度适中,为接近神明提供了捷径。从主要的安置点出发,在3个小时内可以步行到达岛上现存的50多个祠。从一个祠可

第二章 山脉：圣洁和邪恶

纳瓦霍印章上四座神圣的山峰

以看见另一个祠，也可以看见山谷下的村庄。在祭祀仪式上点燃大型篝火，为山谷的村民提供精神慰藉。

考古学家文森特·斯卡利指出，希腊的景观由中等大小的山脉阻隔形成，这些山脉清晰地分隔了山谷和平原的界限。有时候山脉会被深峡谷切割开，藏在隐秘之处，但山脉的实际高度并不是那么可怕的。像巍然耸立在色萨利平原上的奥林匹斯山、雄踞于爱琴海平坦地面上的阿托斯金字塔锥，是山谷和山脉之间这种和谐关系的例外。一般情况下，它们可以肉眼可见地与周围其他的事物分隔开来。和其他地方一样，希腊与周围环境之间的高度对比使得这些山峰显得格外地令人敬畏，甚至成为神话故事中诸神的居住地。神话中终年积雪的奥林匹斯山住着宙斯和十二主神。再往南的帕纳苏斯山是文艺女神缪斯居住之地。宙斯和阿波罗的圣殿都建在可望而不可即的高处，例如阿陀斯山。在阿波罗遗址中，希腊神庙的抽象化、结构比例化与地球上一些粗制滥造的其他事物形成鲜明对比，同时戏剧化了自然界的两种对立模式。

山脉这个词的另一个意思是地标，这也是希腊高地所具备的功能。山脉和岬角是水手们海上航行时必不可少的地标，它们通常在寺庙的顶端。这些山脉和岬角标志着强烈风暴多发地点。当气流经过海中山脉或岬角时，风力就会大大加强。有时山峰也会被用来充当信标。在其他时候，它们扮演着气象中心的角色：阿陀斯山笼罩的云层预示着一场暴风雨；一团云环绕在半山坡上表示刮南风和可能有雨。庙宇之上的山脉和岬角维系着已开发的陆地和茫茫大海。它们是水手返回家乡后会见到的第一个熟悉的标志。

世界的对称中心线

虽然人们通过山脉链建立了世界形象，但其他文化被单一山峰的阴影覆盖。哲学家和历史学家将山脉链称为"世界的对称中心线"，也就是"世界的中心"。例如，新西兰塔拉纳基部落的生活以塔拉纳基山为中心，该山在北岛上耸立，海拔高度为 2 518 米。白雪覆盖的塔拉纳基山是塔拉纳基人的生命之源，山谷的河流发源于这座高山。在当地的神话传说中，塔拉纳基山神爱上了邻近的一座小火山，和其他的山神之间发生了激烈的冲突，因此被放逐到现在的地方。塔拉纳基部落的生命起源于山脉，当生命之源的位置移动时，塔拉纳基人也被迫随着塔拉纳基山迁移。

第二章 山脉：圣洁和邪恶

门槛和看不见的山脉

山脉预示着不同事物的存在，集魅力、恐惧、吸引和威胁为一体。因此，传统上的高山不仅仅能做轴线，也能作为标记已知和未知边界，即我们的世界和其他世界的阈限空间。纳瓦霍人的四座山峰标志着部落有序的宇宙和充满威胁的外部世界的边界，就像海克力斯之柱对地中海人来说就是已知世界的尽头和无尽之海的开始。

在古埃及，地平线以日出和日落的山脉为标志，是通往下界的门户。美索不达米亚地平线也受到山脉门槛的束缚，这和太阳神乌图有关，他每天从青金石的阶梯攀登东方山脉。就像纳瓦霍的部落土地和希腊的俗世，

神山样式的东汉铜香炉

这些山脉定义了美索不达米亚已知世界的边缘。

在古代中国山脉是隐士的隐居之地。这些受过良好教育的学者因故退守。8世纪的中国诗人刘禹锡写道，"山不在高，有仙则名"，意思是自然和精神的融合升华了人类的境界，是普通人无法企及的。然而，普通人可以通过微型复制品，例如柱状岩或香炉，与如此高尚的地方接触，从而获得精神上的愉悦。

在过去的一个世纪，国际旅游业发展势头强盛，边界变得越来越模糊，世界各地的原住民开始声称要重塑他们神圣的家园。今天，人们面对高山不再敬畏和恐惧，但是围栏、标牌和法规阻挡了游客、旅行者和运动员踏足澳大利亚的乌鲁鲁或怀俄明州的魔鬼塔，这些是多个部落以及世界各地成千上万名登山者的圣地。

第三章　山脉：生与死

1990年，22岁的克里斯多夫·麦肯迪尼斯刚刚毕业，前途无量。然而他却把所有的奖学金捐给了慈善机构。他驾驶着他的二手车开始了一次逃离。不久，他的失踪使家人陷入了痛苦和绝望中。两年后，在阿拉斯加德纳利国家公园麦金利山以北的偏远山区，人们在一辆废弃公共汽车上发现了他的尸体和日记。1996年，这个故事被冒险作家乔恩·克拉考尔改编成畅销书，并于2007年在肖恩·佩恩的指导下改编成获奖电影《荒野生存》。

在他失踪的两年里，麦肯迪尼斯过着流浪者的生活，从东到西穿越美国各州，划皮筏穿过大峡谷进入墨西哥，然后一路向北前往他的最终目的地——阿拉斯加。麦肯迪尼斯逃往野外的根源在于复杂的家庭状况和整个社会带给他的不安，他认为这是一个被空洞的唯物主义主宰的世界。然而，更深刻的是，人们对物质的需求变得贪得无厌，不断渴望通过孤独和与自然的亲密接触来探索、重新定义自己的极限。麦肯迪尼斯在空间上的移动不过是无尽的内心旅途的外在表现。克拉考尔评论说:"生活的乐趣来自全新的体验,因此没有比拥有无休止的、变化着的地平线更令人快乐了,因为每个地平线上都有全新的、不同的太阳。"阿拉斯加雄伟而荒凉的雪峰是麦肯迪尼斯的最终幻想。

然而,到达之后,荒山却成为他最终的坟墓。在坐上被遗弃的公共汽车后,这个年轻人想方设法维持了四个月的生命,最终还是饿死了。麦肯迪尼斯意识到荒野是残酷无情的,最终也领悟到幸福只有在有人分享的时候才是真实的。他曾经试图原路返回,但积雪融化后,冬天穿越的河流再也无法穿越了。他只能慢慢死去,继续记录着自我实现之旅的最后阶段,屈服于命运。就像他最后一次想到家人时说:"如果我微笑着站在你们面前,你们会拥抱我吗?你们会看见我现在所看见的吗?"

阿拉斯加山脉不仅是终极自由的象征,也是"世外桃源",更是获得人生真谛的场所。在这里,生命最终被赋予了新的意义,麦肯迪尼斯在弥留之际也得到安抚。然而,麦肯迪尼斯的故事也只是无数故事中的一个,生与死在山上交汇。因为山脉是这两种极端的交汇点。

作为荒野的缩影,山脉兼具致命的吸引力和威胁性,既能揭示生命的意义,也能夺走生命。它们的蓝色轮廓隐隐约约地出现在遥远的地平线上,原始的自然美景、

第三章 山脉：生与死

攀登珠穆朗玛峰"死亡地带"的队伍

紧紧挨着的岩石、寂静的深渊，攀登之路的痛苦和愉悦，仰看云层之美，偶尔会遇到的一些可爱的动物，这些都吸引着成千上万的人相继登顶。每年，都会有人因为攀登山脉而死亡。勃朗峰自首次有人类登顶以来，先后有1 000多人丧命，马特洪峰有500多人死亡，珠穆朗玛峰有200多人死亡。这些数字还在继续增加。偏远的山口也是武装冲突的多发地，每天有数十名士兵和难民在寻求美好生活时丧生。本章将探讨山脉中生与死的相遇。

极端生命

20世纪早期地理学家弗勒称山脉为"困难地区",即人口密集、资源稀缺的地区,同时面临各种自然环境挑战,如低温、定期降雪、强风、稀薄的空气和崎岖的地形等,这些都不适宜农业发展和人类居住。尽管如此,世界上已知最高的永久定居点位于秘鲁南部安第斯山脉的一个采矿营地——拉林科纳达中,海拔5 100米。但这仅是个例。世界上只有一小部分人居住在海拔2 500米以上,海拔3 000米以上的就更少了(不到0.3%)。有些山区甚至禁止人类进入。海拔超过8 000米(如珠穆朗玛峰和乔戈里峰峰顶)的地方氧气稀薄,人类无法生存,这就是所谓的"死亡地带"。法国登山家莫里斯·赫尔佐格曾这样描写世界上十四座海拔超过8 000米的山峰之一的安纳普尔纳峰,"动植物也无法生存。在无生命的环境中,自然的贫瘠达到极致"。

即使在低海拔地区,身体上的不适、山脉的孤立和危险使得它只能成为人类的临时住所,但其他生物将山脉当作永久的栖息地。杂草、阔叶植物、苔藓和地衣在世界各地的高地上出现,以奇特的形状装饰着山脉陡峭的崖壁,在最不可能有生物生存的岩石缝中成堆生长。面对极端低温、强风和强烈的紫外线辐射,这些高山上的植物显然已经形成了一套在残酷的环境中生存的本领。

喜马拉雅山牦牛

马丘比丘上的美洲驼

如植物自身会分泌天然的蜡质,可以预防组织损伤和光辐射;水泡和绒毛可以抵挡风和冷空气;扎根于土壤深处的根可以预防水分流失。

还有一些动物为了适应海拔高的环境也进化了特殊的生存技能,如增强肺活量和增加血红蛋白水平以应对缺氧症,它们的皮毛更厚以降低心率和减缓血液流动的能力(防止多余热量散失),以及缩短幼崽成长周期以确

秘鲁马丘比丘

第三章 山脉：生与死

保在冬季到来时可以自力更生。

在喜马拉雅山，牦牛可以在海拔 3 000 米以上生存，能够承受在此高度之下的热压力。夏尔巴人选择较小的驯养牦牛作为驮送重物和穿越高山的交通工具。佐莫是一种介于牦牛和奶牛之间的物种，能够生活在海拔 2 100 米到 3 660 米的地方。喜马拉雅山上的肥尾羊可以在尾巴上贮存水，从而在干旱的条件下也能够生存。在安第斯山上土生土长的大羊驼、美洲驼已经适应了山间高原和高山荒漠草原的极端昼夜温度。同样，在北美地区海拔高达 3 000 米的山里也发现了山羊。在欧洲同种系的安哥拉羚羊和北山羊则生活在阿尔卑斯山上，海拔在 1 000 米到 3 000 米，它们一整个夏天都在高海拔的牧场和冰川上度过，冬天则迁移到森林中。

通常，越往上走，生物的有机多样性和生存的概率会大大减少。针叶树往上是灌木丛，灌木丛往上是冻土带，冻土带再往上就是裸露的锯齿状岩石和雪。在瑞士阿尔卑斯山的最高地区，人们只发现了不超过 8 种鸟类；而下面的灌木区种则有 27 种鸟类；针叶林中鸟类最多，为 96 种。

和那些与圣人的名字有关的高山不同，例如圣莫里茨、圣加仑、圣维吉利奥迪马雷贝或圣贝纳迪诺，没有一座山峰有权得到守护神的庇佑。仍有大部分的山峰依然未被开发和命名，生命在山谷中得到繁衍，死亡却存在于山顶上。

高度和深度

山脉何时在西方世界蒙上了一层神秘的面纱？

人们从何时开始对山脉产生了向往，而不是恐惧？为什么？

直到17世纪，瑞士和意大利的高处还被认为是凶险的地区，应该避而远之；150年后，它们成为主要的旅游景点和最振奋人心的地方之一。与过去的圣人不同，那些冒险到山区的新时代勇敢的人不一定是虔诚的。在这种环境中，他们的想法更趋向于"感官实验"。

那个时代的第一批游客在去罗马、那不勒斯和其他拥有古典文化特征的城市的路上，无意间闯入了阿尔卑斯山。然而，戏剧性的是，如此高的地方比那些人造的古代作品更具有吸引力。与古典的遗迹不同的是，这些奇特的岩石和雪景其实并不美丽，但是正如法国旅行家和诗人夏尔·朱利安·利乌尔·德所说的那样，"美丽而可怕"，像萨尔瓦多·罗萨狂野的绘画。山脉令人眩晕的高度和崎岖的道路使得人们流连忘返，它们的存在，后来被康德称为"消极的快乐"，是一种吸引力和排斥力共存的混合体。约翰·丹尼斯在1693年写道："令人愉悦的恐怖，令人害怕的喜悦。"

那个时代的旅行恰恰是要把主人公带到边缘区，就像利戈齐画中的圣弗朗西斯一样。弗里德里希·席勒

第三章 山脉：生与死

萨尔瓦多·罗萨绘制的《猎人、勇士、岩石景观》，1670年，油彩画

在圣哥达写道："一条陡峭的小路从悬崖的边缘延伸开来。你游走在生死之间。两座危险的山峰在孤路的尽头汇合。悄无声息地穿越这个恐怖的地方，害怕唤醒沉睡的雪崩。一座桥横穿可怕的深渊，桥底下传来咆哮声，洪流激荡，泡沫飞溅。阴沉的拱门背后就是死亡的帝国。"

根据爱德华·伯克的说法，正是在阴影和黑暗中，在恐惧和颤抖中，在悬崖峭壁的边缘处，在山洞和峡谷中才能发现崇高的事物。这些类型及其戏剧性的明暗对比、薄雾笼罩下的高度和深不见底的深渊令人眩晕，并在18世纪画家的笔下得到了完美展现。约翰·罗伯特·科森斯深入这些地区后评价道："好像被维吉尔漩涡吸进了深渊。"

后来的浪漫主义者把阿尔卑斯山视为无穷尽的象征；

33

他们在深峡中和人类灵魂深处找到了秘密的对应关系。乔尔·泰勒·芬德利牧师在广受欢迎的《山地探险》一书的序言中写道:"一个人站在任何高山的山顶上,都不可能没有那种将心灵推向最深处的感觉。"志存高远就要跳进如此黑暗的深渊,在想象的飞行中,飞向无边的山顶,朝着光明飞去。雪莱在夏木尼山谷中畅想勃朗峰白雪皑皑的山顶时写道:

"……从心灵流过,翻卷着瞬息千里的波浪,时而阴暗,时而闪光,时而朦胧,时而辉煌,而人类的思想源头也从隐秘的深泉带来水的贡品。"

在华兹华斯诗歌的感染下,阿尔卑斯山脉的戏剧点被转移到了湖区。读者在月光下走到斯诺登山,欣赏迷雾和黑暗的深渊,并被山脉吸引,在那里"他独自一人,置身于迷雾中,若隐若现"。在华兹华斯所作的《抒情歌谣集》中,年迈的捞水蛭人"像一块大石头……有时卧在地上,有时高耸在顶端"。在《远足》中的孤独者,一个因妻子和孩子死亡而对法国大革命感到失望选择退出社会的人,在迷雾中瞥见了光明。当山峰和云层在天国之城的视野中交汇时:

"我的心在我的胸口处汹涌,
  我死了,我哭道:

第三章 山脉：生与死

约翰·罗伯特·科森斯绘制的《平原上的洞穴》，1786年，水彩画

'现在我活着！我将如何生存？'
我希望痛苦不再有。"

现代的崇高精神被解释为由哥白尼革命引起的位移反应以及伽利略发明望远镜后引起的狂热的天文反应。随着古代亚里士多德的地球中心说的权威性受到挑战，人类失去了在宇宙的中心位置，发现自己不过是漂浮在无穷尽的黑色空间中微不足道的一部分。通过祈祷已经

无法与天地相见,天地不可知。帕斯卡有句名言:"这些无限空间的永恒沉默令我恐惧。"

同时,与自然的力量相抗衡可以增强自尊心和自信心,从而创造一种新的、狂妄的人类中心主义形式。最具戏剧性的是,在所有的风景中,山脉使现代主题远离了日常生活,迫使登山者自省展示真实的自己。这种情感驱动激发了登山者的热情。在20世纪60年代末期,美国作家、广播员和登山家洛厄尔·托马斯提出疑问:"为什么我们要爬山?为什么我们要冒着生命危险站在世界的高处?当然不仅仅是为了欣赏,更是为了挑战所谓的不可能攀登的高峰吗?还是为了和自己之间的较量?"

在山上死亡

登山作为一项运动在19世纪盛行。勃朗峰的峰顶在法语中被称为"montagne maudite"(意为"被诅咒的山"),于1786年被人类首次登顶;登顶险峻的艾格峰是在1858年,马特洪峰是在1865年。第一家阿尔卑斯山俱乐部于1857年在伦敦成立。奥地利、意大利、瑞士和德国在19世纪60年代也先后建立起俱乐部。到19世纪末,阿尔卑斯山的所有山峰都已经攀登完毕,并且山口处都绘制了地图。

山脉成为热门的旅游胜地,并成为可以暂时从日益工业化的城市中逃离出来的临时避难所。莱斯利·斯蒂芬将其称为"欧洲的游乐场",这是一个"休闲娱乐场所,也是一个再次创造的场所"。随着大英帝国进一步稳定,维多利亚时代的人越来越喜欢冒险。罗伯特·麦克法伦评论说,"中产阶级需要一个释放口,他们可以在某个地方释放因城市生活日趋烦琐而积攒的压力,阿尔卑斯山就是这样一个地方,在那里每个人都可以找到自己可以承受的冒险等级"。

无论死亡的发生率高低、暴力死亡或更准确地说暴力死亡的可能性如何,都增强了19世纪西方世界对于登山的热衷程度。几个世纪以来,山脉因其作为恶魔的住所而受到诅咒,阿尔卑斯山的一些山峰因人类的死亡而受诅咒,而死亡的景象对于欧洲人的登山经历至关重要。正如雪莱在《勃朗峰》中预言的那样,山脉将成为丧葬的纪念地,简单说,就是生死的相遇地。

死在山上是维多利亚时代旅游文学的热门话题。海德利的《山间冒险》以一长串的阿尔卑斯山悲剧开头。他写道:"最戏剧性的事情发生在勃朗峰上,当时两名美国人、一名苏格兰牧师和八名向导被困在暴风雪中。这一场景最后被拿着望远镜望向夏木尼的游客看见了,那时他们正在暴风雪中挣扎求生。后来雪把他们遮住了,什么都看不见了,也没有看见他们是否还活着。"

最终,在白茫茫的大地上发现了一些黑点,有50个人朝着他们走去。现场有5具尸体。巴尔的摩的比恩博士就是其中之一,他被发现坐在雪地上,头垂着。两天来,他听着暴风雨的轰鸣声,把他下面的世界拒之门外。在这可怕的日子里,他用僵硬的手指在日记中写了几行字,这本日记就在他身上。

高山上的悲剧故事总是相似的:山峰的致命吸引力、"绝对占有"背后冷酷无情的天性和登山者的失败壮举,这些都成了掩埋在风雪中的不朽荣耀。然而,在无数的死亡事故中,有两起在登山历史中十分有名。

第一起发生在1865年的马特洪峰上。自征服勃朗峰以来近一个世纪,这座山峰一直是登山者无法企及的攀登对象。虽然它比勃朗峰低,但攀登难度却更高。尖锐的山顶、陡峭的悬崖和冰川下可怕的深渊,使得它在阿尔卑斯山脉中被称为"可怕的山峰"。进入19世纪,人们普遍认为魔鬼居住在它的顶峰附近,并向山谷里扔石头。

爱德华·温伯尔是一位年轻的英国艺术家,最初来到阿尔卑斯山素描,后来被马特洪峰迷住,并决心攀登阿尔卑斯山。经过三次失败的尝试后,他最终与其他六人组成的小组登顶,其中包括当时最著名的登山家之一米歇尔·克罗兹。在下山的过程中,其中一人突然滑倒。因为七个人是绑在一起的,所以他也向前倾倒,克罗兹又绊住了其他两名小组成员。温伯尔在记录中写道:

"这一切都是瞬间发生的。老彼得和我把自己牢牢绑在岩石上:绳索在我们之间拉紧了,有岩石滑落到我们中间,我们坚持住了。但是绳子在陶格瓦尔德和弗朗西斯·道格拉斯勋爵之间断了,过了一会儿,我们看见不幸的同伴们从背后滑下来,张开双手,竭力自救。他们一个接一个地消失,从悬崖上坠落到海拔近1 200米的马特洪峰冰川上。半小时内,我们一直留在原地,没有移动一步。"

那一刻困扰温伯尔的一生,他寻找新的高峰去征服,孤独而沉默。"然而,你知道吗?每天晚上,我都梦见攀登马特洪峰的战友从背后滑倒,他们双手张开,彼此之间的间隔都差不多,一个接一个地下坠,先是向导克罗兹,再是哈多、哈德森,最后是道格拉斯。是的,我将会永远记住他们。"

这次事故激发了许多电影和纪录片编剧的灵感,包括马里奥·伯纳德和农西奥·马拉索马的无声电影《马特洪峰争夺战》(1928年),后由米尔顿·罗斯默和路易斯·特伦克在1938年改编成《挑战》。然而它的地位的确立在很大程度上要归功于古斯塔夫·多雷对《失乐园》的戏剧性绘画。在阿尔卑斯山的浪漫主义绘画中,人类如此渺小,迷失在宏伟的风景中,而在古斯塔夫·多雷的画中,人类却以一种悲惨的姿态脱颖而出。当他看到

1928年无声电影《马特洪峰争夺战》的原始海报

四个人被绑在一起,从高高的悬崖上滑下去,他却被困在半空中,快要冻僵了的那一刻,他感到了难以言说的痛苦,这使人联想起萨尔瓦多·罗萨的绘画。

第二起著名的悲剧发生在1924年,这一次是在远离欧洲的珠穆朗玛峰上。如果马特洪峰在西方世界是难以

第三章 山脉：生与死

古斯塔夫·多雷绘制的《第一次登顶马特洪峰的惨痛事故》，1865 年，石版画

攀登的存在，那么"世界屋脊"就成为人类最难的追求和成就的象征。作为地球和天堂之间的终极交汇点，珠穆朗玛峰被麦克法兰称为"心灵的最高峰"。1953 年，新西兰登山家埃德蒙·希拉里和尼泊尔登山家丹增·诺尔盖在冷战期间征服了珠峰峰顶。然而，在过去的几十年里，还有其他的人也尝试了许多次，其中包括英国人乔

治·马洛里在 1924 年失败的尝试。

考虑到山的海拔高度,探险计划分多个阶段进行。在不同的海拔高度上建立多个营地,作为出发点。最后一个营地——六号营地,位于离山顶尽可能近的地方。恶劣的天气、疲惫的身体和疾病迫使马洛里和同伴重返营地。但是马洛里下定决心要登顶,因此做了第三次尝试。随着风力的减小和太阳的升起,他和他的同伴欧文再次出发,尝试到达山的高坡上。

第三天,探险队的地质学家诺埃尔·奥德尔离开营地,到达了一个从山脊上伸出来的小悬崖顶端。后来他写道:

"当我到达顶峰,头顶上的空间变得空旷起来,我看到整个珠穆朗玛峰的山脊和最后的峰顶都露出

马洛里和欧文的最后一张照片

来了。我注意到远处一个雪坡，一个小物体从金字塔的底部慢慢往上移，当第一个爬到顶端的时候，紧接着就是第二个。我专心致志地看着这个戏剧性的场面，这一切都笼罩在云层中。"

这一段是登山史上最著名、最令人回味的一段话，成为不幸的探险活动的象征——"微小的点"在壮丽的山脉中消失了，马洛里和欧文也消失了。笼罩的云层暗示他们的命运，那是大家最后一次看见这两个人。

奥德尔回到营地时，雪开始往下落，风力加强。一场暴风雪席卷了整座山。奥德尔以为他的两个同伴会返回，他怕他们在迷雾中找不到营地，于是再次走出去，爬了100多米，开始大声喊叫，告诉他们营地的方位。但是两个人距离太远听不到他的声音。暴风雪结束了，夜幕降临，这是一个疯狂寻找天空中耀斑之光的夜晚。黑暗依然存在，令人恐惧。

山脉：国家与探险

在马特洪峰和珠穆朗玛峰被相继登顶的相隔的数十年间，西方世界的地平线上出现了一系列其他的高峰。在19世纪90年代，阿尔卑斯山系都被征服了，登山运动融入了人们探索和冒险的形式。在最终转向喜马拉雅山前，英国人的关注点转移到了非洲的山脉上。在最早

莱纳纳是马赛的医学首领。肯尼亚山上的莱纳纳峰是哈尔福德·麦金德以他的名字命名的

探索这些高峰的欧洲探险家的描述中,热带病、碍事的植被和凶猛的动物使得生与死之间的边界墙变得异常薄弱。

肯尼亚山海拔5 199米,是非洲大陆上仅次于乞力马扎罗山的第二高峰。1899年,牛津大学地质学家麦金德第一位登上顶峰。四年前,人类学家玛丽·金斯利登上了西非最高的山峰——喀麦隆山,当地人将其称为"伟大的山"。她承认,"虽然我的本意并不是登山。但是,我确信,所有的人站在喀麦隆的最高峰上都会有这样一个想法:想要去详细了解非洲大陆西侧的最高点。"

山峰已经不再那么崇高、神圣,强壮的人以登顶展现自己的实力。非洲的山峰不再是探究天堂和人类灵魂无穷尽的平台,而是在全景中占据有利位置的据点,可以俯瞰山下的世界(和人类)。欧洲科学家和探险家通过征服那些在当地人眼中神圣的高峰,来展示自己的实力。

第三章 山脉：生与死

电影版《乞力马扎罗的雪》海报（1952年）

欧洲人对非洲山区的"袭击"不可避免的是一种展示国家力量的冒险行为，在大多数情况下，尽管与阿尔卑斯山的攀登方式不同，但是仍与死亡擦肩。麦金德的探险队包括66名斯瓦希里人、2名马赛向导和96名基库尤人。在他们往上攀登的过程中，这个团体路过一个饱受瘟疫和饥荒摧残的国家，当他们到达大本营时，找不到任何的食物。"整个旅行队非常沮丧，一再要求回去，我最后失去耐心了，挥舞着拳头冲着离我最近的人挥过去。"相比之下，金斯利则庆幸自己从未用枪对付过团队里的人，大家平安登顶，平安返回，没有受伤。

英雄式的攀登山峰的壮举不仅仅属于英国。1906年，意大利王子、阿布鲁齐公爵路易吉·阿梅迪奥和他的团队，包括300多名当地的搬运工首次成功登顶鲁文佐里山脉（在乌干达）的斯坦利山，该山海拔高度为5 109米，是非洲大陆第三高峰。先前的探险家也曾做过几次登顶尝试，但总是被茂密的植被、恶劣的天气或疾病"劝退"。在攀登的过程中，死亡如影随形。探险队的编年史家将这片风景描述为古怪而奇特，甚至十分恐怖，

45

高大的柱茎（从地面升起）就像葬礼火炬，旁边是巨大的千里光属。他谈到，这种景象和熟悉的画面都不一样。

1889年，第一个登上乞力马扎罗山的欧洲人是德国地质学家和探险家汉斯·迈耶。然而这次登顶并没有引起很大的轰动。1926年，另一位德国人理查德·雷施在攀登乞力马扎罗山时发现了一头被冰冻的豹子。这激发了欧内斯特·海明威的短篇小说《乞力马扎罗的雪》（1936年）的创作，这座山峰从此成为现代西方文学和电影创作的标志性高峰之一。

"没有人知道豹子在高处寻找着什么"，故事便这样开始了。谜底只在最后揭晓。这本书的主角是一位名叫哈里的美国作家，他在狩猎中不慎擦伤了一条腿，患了坏疽，只能躺在大草原的帐篷里，静静地等待着死亡的来临。就像一个古老的边疆人（和海明威本人一样），哈里曾到非洲寻求暂时的逃离，逃离文明和对现实的不满。他曾希望荒野能重塑他的生活，并为他的懒惰和创作中出现的瓶颈提供解救措施。在生命的最后一段时间里，哈里望着远处的乞力马扎罗山，想起了往事。在欧洲不同城市之间纸醉金迷、贪图享乐的奢靡生活和在生活、写作上的一事无成交织在他的脑海中，不断地闪回。当死神最后一次向哈里逼来时，在幻觉中，哈里看见一架小型飞机来营救他，飞机载着他飞过森林和山谷，飞过万般自然景象。最后，从暴风雨的"瀑布"里穿了出来。"他目之所及是乞力马扎罗高耸的方形山顶。它如整个世界一样壮阔雄伟，在太阳的照耀下闪着难以置信的白光。他终于懂了，那就是他要去的地方。"对于作家和豹子来说，在当时的美国历史背景之下，一个来自神秘荒野的召唤是有代价的。那就是死亡。

山脉和冲突

随着殖民统治的结束，非洲的高峰从战利品和死亡的地点变成了生命重生的象征。20世纪60年代，当地的登山者登上了乞力马扎罗山和肯尼亚山的顶端，他们在山顶上点燃了照明弹，向全世界宣布国家的新生，传递着希望的信号。

山脉作为自然边界所具有的战略重要性，使其一直以来都是冲突和悲剧的发生地。早在1812年，普鲁士将军和军事战略家卡尔·冯·克劳塞维茨就将著名的《战争原理》的整章专门用于探究山地战斗和高地的防御作用。到19世纪末，欧洲成立了许多特种山地部队。第一支精锐的阿尔卑斯山步兵部队成立于1872年，用来保护意大利的北部山区边界。第一次世界大战期间，该地区成为最残酷的战场。大约有100万人在所谓的"冰雪战争"中丧生。他们大多数死于冻伤和雪崩。在前线的高山地区，士兵们终日和白色的环境（冬天皑皑白雪和夏天白色的石灰石）相对，一片空无一人的土地将意大利军队和奥匈帝国军队分开。

一名意大利士兵凝视着在敌人战壕上方的战帽，思考着大屠杀的可能性，"我们如此残酷地互相残杀，是因为接触不到任何触及生命领域的事物……我对那个可怜的小伙子一无所知，如果我能听见他说话，如果我能读懂他藏在胸前的信，那么这样杀死他，似乎是一种犯罪"。

整座山的斜坡上仍然残留着战争的创伤：被积雪掩盖的战壕、被欧石楠覆盖的巨大的手榴弹坑，看不见的隧道和洞穴，那里曾经贮存着武器。在晴朗的日子里，该地点为游客提供了整条战线的全景——从埃尔马达到阿达梅洛600千米长的火线，其他任何一个地方都不能提供如此全面的景观。

山地电影中的山脉

山上的生与死启发了无数的电影，从有关登山、冒险和探索的电影到战争悲剧和自我发现之旅。然而在20世纪20年代和30年代阿尔卑斯山电影拍摄中，山上的风景、生与死之间的相互作用与诗意的强度并不相同。在以华丽的风景、惊险的气氛和高亢的情绪相结合为特征的德国山地电影中，山脉只是作为背景存在，真正的主角是人类。人迹罕至的山峰、险恶的裂缝、密布的云海、令人眩晕的悬崖和田园诗般的高地牧场反映了人类的激情和内心的冲突，电影通常以悲剧结尾。对于

第三章 山脉：生与死

阿诺尔德·范克拍摄的《勃朗峰风暴》（1930年）

登山者、向导和战友来说，他们是"戏剧性、同伴式的"存在。

该类型的题材在德国魏玛广受欢迎，由阿诺尔德·范克率先提出并推广。他的无声电影将高海拔地区的爱情与死亡情节融合在一起。阿尔卑斯山具有奇特而巨大的潜力，散发出诱人的能量，使人陷入不可避免的依赖中。高处的无声世界传授了生命的经验，考验身

山 脉

卡斯帕·大卫·弗里德里希绘制的《雾海上的流浪者》，1818年，油彩画

心力量。范克借鉴了 19 世纪的浪漫风景画家（如卡斯帕·大卫·弗里德里希）的审美习惯和肖像画，将神秘的力量注入了山间风景。峰峦和峡谷成为无法控制的内在力量的投影。

《圣山》(1926 年) 是范克献给在第一次世界大战中丧生的朋友的一部电影。电影中的主要角色是登山专家罗伯特、好友维戈和迷人的舞蹈家狄奥蒂玛（由女演员兼登山专家莱妮·里芬斯塔尔扮演）。狄奥蒂玛在阿尔卑斯大酒店的表演使人着迷。为了加深印象，狄奥蒂玛在表演中和人们互动。节目结束后罗伯特匆忙爬上狂野的山峰。随后，两人有了一段恋情，他们的恋情与田园诗般的高地牧场和茫茫白色雪原交织在一起。狄奥蒂玛对罗伯特说："那里一定很美。"他回答道："美丽中夹杂着艰苦与危险。""一个人会去自然界中找寻什么呢？""一个人的自我。"

另一次旅行归来时，罗伯特目睹了一场痛苦的景象：狄奥蒂玛拥抱了另一个男人。出于震惊，他决定爬上风雨如磐的桑托山北面，维戈也跟他一起攀登。一场暴风雪困住了他们。罗伯特此时得知，与心爱的人拥抱的那个人是维戈。维戈不小心跌入深渊，罗伯特一手抓着绳索，一手扯着他朋友的身体，坚持了一个晚上也不肯松手——至少松手了，他自己就得救了。身体的疲惫和寒冷，导致罗伯特最终不得不投降。在绝望中，他决定与朋友一起牺牲。两人消失在深渊中。结尾中屏幕显示，"所有人身上都笼罩着一座圣山，它象征着正直、真相、忠诚与信仰"。

为同伴牺牲自己的生命也是《帕鲁峰的白色地狱》的主题。约翰内斯·克拉夫特博士孤零零地徘徊在意大利和瑞士之间的山峰上。自从在雪崩中失去他的妻子后，他一直在山上默默徘徊。事故发生四年后，他遇到了一对年轻夫妇汉斯和玛丽亚（由莱妮·里芬斯塔尔再次扮

第三章 山脉：生与死

莱妮·里芬斯塔尔拍摄《蓝光》的原始海报（1932年）

演），他们愿意陪他进行下一次攀登。但是悲剧重演，汉斯被雪崩击中，生命危在旦夕，三人仍被困在山上。但由于约翰内斯，这对夫妇得以幸免于难。约翰内斯脱下外套将其包裹在汉斯身上，防止他被冻死。他自己爬到一个孤立的冰架上，最终逝去。

范克拍摄《圣山》的原始海报（1926年）

53

《蓝光》（1932年）是莱妮·里芬斯塔尔第一部自导自演的电影，狂暴的雪峰被田园诗般的场景取代。这部电影将焦点从山地电影黄金时期的西部阿尔卑斯山移到了多洛米蒂山——19世纪被英国人发现并成为西方人眼中"温柔"的代表。在第一次世界大战前，多洛米蒂山的顶峰通常与对如诗如画的风景和文艺复兴艺术遗产的追求有关（如色彩大师提香·韦切利奥在卡多莱的家），而不是与英雄壮举相关的崇高情感。在里芬斯塔尔的电影中，这座山仍然有着神秘的光环及其致命的力量，19世纪数十名来自克里斯塔罗山脚下的村庄的年轻人从险恶的斜坡上一个接一个地坠落。造成他们死亡的原因是从山间裂缝中散发出的蓝色光芒，这是满月照亮水晶形成的自然现象，似乎对登山者产生了催眠作用。

　　最终查明罪魁祸首是女主角洪塔，她被认为是个女巫，遭到迷信的村民虐待，孤独地生活在群山周围。在满月的夜晚，她爬上克里斯塔罗山，到达她的避难所。这是一个覆盖着美丽水晶的石窟，从里面发出蓝光。电影最终以悲剧结尾：一位来自维也纳的画家爱上了她，跟随她来到石窟，并看到了水晶带来的巨大经济效益，他指挥着村民来到了石窟，当洪塔发现避难所中的所有宝石都被洗劫一空后，痛苦地死去。她的形象后来被制成各种衍生产品。

　　电影《荒野生存》中，克里斯多夫·麦肯迪尼斯在阿拉斯加山脚下的公共汽车中等待死亡时，撕毁了路易斯·拉穆尔传记中的最后一页。它以罗宾逊·杰弗斯的一首诗《智者于劫》为结束。

沉默、静止的山脉无情地夺走了人的生命。与此同时，它们也允许人类从独特的视角看待生命。然而这预先假定了一种感知空间、时间和自然的方式，我们下一章将对此进行探讨。

第四章　山脉和视野

会当凌绝顶，一览众山小。

——〔唐〕杜甫

山脉不仅是壮丽的自然景观，其存在也影响了人类对世界的观察、体验和认知。传说中登山者和隐士的生死与他们攀爬过的岩石或居住过的洞穴有很大的关系。传统意义上，山脉把不同文明的视角和想象力连接在一起，形成了独特的轴线和边缘地段。纵观人类历史，山峰一直是可以让人放心的地标，古希腊人从支离破碎的爱琴海的一个小岛穿越到另一个岛，维京海员在挪威参差不齐的海岸线上航行，他们都依赖山脉作为可靠的导航标志。此外，山脉也起到了信号站的作用，在古希腊、美索不达米亚、罗马帝国、拜占庭帝国和中世纪的斯堪的纳维亚半岛上都可以找到其作为信号站的例子。更重要的是，就像第二次世界大战期间的富士山一样，山脉也成为被轰炸的地标。

山脉不仅在地理上占据着有利的位置，它们在文化上也有着深远的影响。古罗马人称其为"瞭望的地方"。古希腊诗人西摩尼得斯将西塞隆山喻为孤独的瞭望塔，而斯特拉波则赞美了吕底亚（西安纳托利亚）提摩留斯山山顶上一座观景楼。

路西安写下一首从山顶眺望的讽刺诗。在他的《观光客》中，夏隆要求赫尔墨斯向他解释人类世界的陌生景象。赫尔墨斯答应了他，并且选择了一个高峰作为观察世界的据点。他们从山堆高处观察人类的生活和命运。

古代最常见的登山者是统治者和智者，腓力二世登上了巴尔干山脉的最高峰，以便在他计划对罗马的战争时看到这片土地的全貌。人们普遍认为，在最高峰上眺望，多瑙河、阿尔卑斯山以及亚得里亚海和黑海的景色都可以一览无余。同样，哈德良登上西西里岛的埃特纳火山和叙利亚的喀西亚山上观赏日出，并欣赏整个国家的美景。毛里塔尼亚的统治者阿特拉斯还是一位哲学家、天文学家和数学家，据说他像夏隆和赫尔墨斯一样，攀登了王国的最高峰，俯瞰了整个世界的美景。

从古至今，从山顶俯瞰通常被解释为一种赋权的行为。像麦金德这样的欧洲探险家的目光也许是这方面最具代表性的例子。最终，从山顶上看到的景象涵盖了之前讨论的基本张力。这种张力是神圣的，控制全局的同时，又会引起危险的眩晕感。现代性正是通过这两极之间的张力得以定义。然而我们真的可以谈论一种现代化的看待世界和表现世界的方式吗？以前看到的山脉和我们现在看到的山脉是一样的吗？特殊的攀登山脉经历如何塑造特殊的看待世界的方式呢？

地理记忆：尼泊山

大约在公元前384年，一位虔诚的西班牙女性艾格利亚，站在尼泊山的山顶，就是传说中摩西升天之地。艾格利亚在山顶的一个小教堂里进行了惯常的祈祷后，

第四章　山脉和视野

当地人邀请他们出去看《摩西书》中描述的地方。从全景平台的高处，人们看到约旦河从山谷中奔涌而出，流向死海和远处的耶利哥，一切都尽收眼底。

艾格利亚从国家（和已知世界）的另一边出发，用"自己的眼睛"来看遗迹。她在高的地方留下了印记，如崎岖的山丘、高峭的悬崖和视野开阔的峡谷。人们不断寻求更高的有利位置，也可以从中获得制高点的视野。像尼泊山这样的山脉既可以充当回忆之地，也可以成为激活记忆的地标，还可以作为观看全景的平台，俯瞰山下的景观。

从尼泊山上欣赏古代建筑坚固的墙

尼泊山的高度使艾格利亚处在将全景尽收眼底的位置上。她的观点和哲人在试探山上的观点一样，都对掌握顶端的权力不屑一顾。但这恰是古老的哲学家和统治者渴望得到的，从苏格拉底和西塞罗想象中的宇宙飞行到阿特拉斯国王在毛里塔尼亚高山顶端看到的全球视野，到腓力二世攀登巴尔干山脉。与过去的智者与君主不同，艾格利亚享受俯瞰带来的全景视野，它们赋予她的并不是对领土的掌控。每一个位置都能讲述一个故事。

　　从塔博尔、西奈山、尼泊山和其他著名的山峰的高处，艾格利亚拥有了无边的记忆，通过她的眼睛，美好的叙述一一呈现出来。她给留在西班牙家中的姐妹的一封信中准确地描述了这一观点。

寓言视野：旺都山

　　如果地形记忆加强了艾格利亚攀登的激情，好奇心和审美满足则激发了西方文明史上最著名的一次登山，那就是彼特拉克登上普罗旺斯的最高峰——旺都山。在艾格利亚之后将近千年，这位意大利诗人决定登上这座一直困扰着他想象力的山峰。他写信给巴黎大学的迪奥尼西奥·达·贝尔戈·圣塞普尔奇罗："我从婴儿时代起就住在这个地区，因此，从远处可见的那座山就在我眼前，我计划了一段时间，以完成我今天终于完成的工作。

昨天,在重读《罗马史》时,我读到腓力二世对罗马人发动了战争,登上了色萨利的巴尔干山脉,据说他从那里能看到亚得里亚海和黑海。"

正如彼特拉克对修道士坦言的那样,他唯一的登顶目的是希望从如此高的山上看到的壮丽景象。然而,这种攀登很快就变成了他一生的寓言,因为这名年轻人反复尝试寻找一种更轻松的登顶方法,但是每次他的路线都比他哥哥选择的直接路线更长、更艰难。"我只是想避免攀爬中过度劳累,但是人类的聪明才智都无法改变事物的本质。"彼特拉克厌倦了绕行弯道的复杂性,他说道:"你必须强迫自己攀登更陡峭的道路。在任务推迟的重压下,它将会永远躺在罪恶的山谷中。如果死亡的阴影笼罩着你,那么你将会在不断地折磨中熬过一个永恒的夜晚。"

在这些想法的刺激下,彼特拉克重新跟着他的兄弟,并最终到达了山的最高点。在他面前展开的大视野,加上陌生的空气,最初令他眩晕。"我茫然地站着,看到脚下乌云密布,我读到的阿索斯山和奥林匹斯山的故事似乎不那么令人难以置信了,因为我就在一座名气没有那么大的山上目睹了相同的景象。"

然而,随着他的目光转向东南,望向意大利时,这位诗人再次陷入沉思,回想起过去的岁月和他的童年时代。

站在山顶,他不仅俯瞰周围地区,也回顾了自己的

山 脉

旺都山上的风景

生活：

　　崎岖不平、白雪皑皑的阿尔卑斯山似乎离得很近，但事实上它们相距甚远；此情此景，让他不得不为意大利的天空叹气。忍不住渴望再见到他的朋

第四章　山脉和视野

友和他的祖国。因此，回顾了过去十年，他对未来充满着焦虑，为自己的进步感到高兴，为自己存在的弱点感到悲伤，并对人类行为的不稳定性表示同情。

仿佛从睡梦中醒来，彼特拉克突然回忆起他攀登的最初目的。抛开思乡之情和相思之情，他把目光转向西方，开始详细探索。随着激情和焦虑的消散，他的身体适应了高海拔，景观变得更加清晰。他能够识别马赛湾和里昂周围的山脉。

勘察完毕后，彼特拉克从口袋里掏出一本书，决定随机阅读。他的目光投向了这段话："人们好奇高处的山峰、汹涌的海浪、宽阔的河流、海洋的环流以及星空的运行，却不思考自己。"年轻人羞愧地转身回到山谷。"我已经看到了足够高的山，我应该将目光投向自己。"最终，山顶使彼特拉克审视自己的激情和生活。

彼特拉克对山脉的攀登被视为一种象征。他的登高不仅是语言上的壮举，也是身体上的壮举。虽然艾格利亚在摩西之后登上尼泊山和其他山峰，用视觉感悟生活的真谛，但彼特拉克却陷入了矛盾中。对外部世界的调查，还有什么比从山顶远眺更直接的形式呢？还有什么比这更能揭示本质呢？

最终，彼特拉克的冒险仍然是典型的内心斗争，其后是顿悟。在山顶上，诗人克服了乡愁、相思和忧郁。

山 脉

从旺都山南面欣赏的风景

放眼世界:重回试探山

在彼特拉克登山之前,来自锡耶纳的艺术家杜乔·迪·博尼塞尼亚绘制了代表作——《试探山》。这幅画中充满记忆和符号。人物的大小、位置、颜色和他们

第四章 山脉和视野

的重要地位成正比。他们不响应线性透视的几何原理，而是响应记忆的力量。因此，观众的注意力立即被站在构图中心的人物吸引，然后目光转向其他特征。这种技术在拜占庭绘画中很常见，但也更广泛地反映了一种典型的前现代地形观察方式。

500年后，同一场景却采用了截然不同的表现形式。在威廉·理查德·史密斯的雕刻中，对风景的描绘取代了本身的寓言形式。引人入胜的不再是城市的美景，而是从空中俯视的视野以及无限的地平线。与杜乔的绘画相比，史密斯的雕刻不再是地方（或回忆之地）的集合，而是从固定的角度通过单一焦点来欣赏风景。介于接近和无限之间，景观得到详细刻画。

意大利地理学家佛朗哥·法里内利曾说，现代景观理念是在测量了山脉和确定了最长地平线之后才诞生的。然而，对景观的感知和呈现方式的转变有着更深的根源。在航空气球上天之前，丘陵和山脉构成了规划战争和城镇的特殊战略点。

在文艺复兴时期的绘画中，经常出现从山上或山顶看到的全面的鸟瞰图。达·芬奇的出色之处就在于他的空间想象力。他有几幅画的背景是通过高斜角自上而下看风景。这种视角也许是受意大利中部丘陵地形的启发，山脉作为标志性的事物出现在绘画中，这证明了达·芬奇对这些自然物体的迷恋。从他的早期作品到

65

山 脉

威廉·理查德·史密斯绘制的《山上的诱惑》,1829 年,版画

《最后的晚餐》《蒙娜丽莎》《哺乳圣母》《岩间圣母》,蒙眬的山峰通过窗户、门廊或者自然的小孔都隐约可见。达·芬奇认为,山脉的呈现方式值得特别注意:

"哦,画家!当你要画山时,看那山脚下的笔触比山顶要更加的苍白,彼此之间的距离越远,山脚部分就越苍白。尽管它们是那么的高大,但是你也要展示出它们的真实形状和颜色。"

山脉是艺术灵感的来源和真实刻画。然而达·芬奇对山脉的迷恋不仅是美学上的,更是科学上的。这位艺术家推断它们的形成原因、深究组成成分,并且爬上山峰顶部研究大气厚度。仅他的笔记本上"山脉"一词就

达·芬奇绘制的《岩间圣母》，1485年，白杨树板上的油画

达·芬奇绘制的《哺乳圣母》,1490年,油彩画

提到了200多次。

在16世纪,鸟瞰图不仅作为绘画的背景(如达·芬奇的作品),更作为一种绘画主题而流行起来。所谓的"宇宙绘画"就是将观察者置于较高的位置上(通常是最

第四章 山脉和视野

彼得·勃鲁盖尔绘制的《伊卡洛斯的坠落》(1588年)，油彩画

高的山顶或悬崖）。这些全景图从多个角度显示了遥不可及的远方。

　　彼得·勃鲁盖尔的画作《伊卡洛斯的坠落》使得克里特岛和塞浦路斯在视觉上都触手可及。阿尔布雷希特·阿尔特多费尔的《亚历山大的伊苏斯之战》，可见的视野更加开阔，整个地中海都成为公元前334年波斯战队战败的舞台。令人眼花缭乱的武装士兵从城墙和营地中涌出，这些城墙被遥远的陆地和海洋包围起来：黎凡特海岸、塞浦路斯、苏伊士地峡、尼罗河三角洲和红海，一直延伸到地平线尽头。视线上移，战斗的地点以及其他地方都在目光所及之处。

　　作为地标，山脉为世界风景绘画体裁增添了更多的

69

戏剧性。在勃鲁盖尔的《伊卡洛斯的坠落》中，远处的山脉框住了从海上升起的太阳，强化了地面的弯曲程度，而在阿尔布雷希特·阿尔特多费尔的《亚历山大的伊苏斯之战》中，绵延的群山笼罩着无穷无尽的士兵，直指天空，岩石环绕，构成一股强有力的旋流。山脉充当了地缘边界，将观察者置于自然和非自然事物之间。

从试探山到勃朗峰：现代性和全景

除彼特拉克、达·芬奇和其他几个人外，复兴时期的景色大部分存在于如史诗般飞扬的人类想象中。在18世纪，随着人类对西欧山峰进行有系统地攀登和测量，山顶的景色开始发生一系列的变化。它成为一种围绕一个主权主题而独立存在的风景，也是山峰上前所未有的景色。

1787年，来自日内瓦的自然哲学教授霍勒斯·贝内迪克特·德·索绪尔自夸地宣称自己已经征服了阿尔卑斯山最高峰勃朗峰的山顶。当地人雅克·巴尔马特和米歇尔·帕卡尔在1786年成功完成了对这座山的首次攀爬，并声称索绪尔本人曾承诺会给奖励。但是索绪尔通常被认为是阿尔卑斯山的真正征服者，甚至被认为是为阿尔卑斯山带来新的审美观念的人。为什么会这样呢？

阿尔布雷希特·阿尔特多费尔绘制的《亚历山大的伊苏斯之战》(1529年)，木版油彩不同于谦卑的农民、水晶猎人巴尔马特与缺乏矿物学知识的医师帕卡尔,索绪尔是一位科学家。他前后穿越阿尔卑斯山不下40次,深入研究它们的地质。在攀登勃朗峰时,他带了大量的科学设备和个人物品,包括帐篷和便携式火炉,这些东西由19名搬运工负责搬运。他攀登的目标不仅仅是到达山顶,而是进行观察和实验,这些都将为这项壮举带来价值。换句话说,是将高峰从被诅咒的荒地变成科学研究的对象。

更具体地说,索绪尔相信勃朗峰可以使人了解地球的形成。他写道:"山峰似乎是一个伟大系统的关键,但不幸的是,人类几乎无法到达。"阿尔卑斯山的高峰让博物学家可以立刻拥抱许多物体,先是眼花缭乱地到处看,再被每一个方位的景色吸引,不知道将眼神固定在哪里。一点一点地调整观看的方向,并且选择研究对象,从而能发现隐藏的逻辑。

尽管美学不是索绪尔的主要关注点,但他的著作极大地促进了一种新的观感方式。归根结底,正是这位博物学家的凝视和独特的视角,使人们对西欧的高地情有独钟。艾格利亚的目光总是在书中有记录的地方徘徊,彼特拉克满足于对普通山脉的观察,而索绪尔的目光遵循着自然规律。他提供的观点是整体的、全面的。在勃朗峰的顶端,他可以尽情观赏眼前的奇观:

"悬浮在空气底层区域的蒸汽使我看不清低空和

远处的物体，如法国和伦巴第的平原。但这无关紧要。我能清晰看到整个集合，我一直渴望了解这些高峰的集合。我不敢相信自己的眼睛。当我看到脚下耸立的那些雄伟的山峰，好像做梦一样。法国南部地区很难进入，也很危险。我抓住它们彼此之间的关系、连接和结构，一眼便消除了多年研究中无法消除的疑惑。"

索绪尔的妻子和他的妹妹从山谷中焦急地通过望远镜看他的攀爬过程：

"当我到达顶峰时，我的眼睛首先转向夏莫尼……当我看到在空中飘扬的国旗时，我感到非常甜蜜和欣慰。他们允诺如果我爬到最高点，就会悬挂起旗帜，那时他们的恐惧至少也能暂时得到缓解。"

对于那些远远跟着他的人来说，攀登变成了通过固定的目光观赏奇观；对于山顶上的科学家而言，世界本身已经变成了环绕着他而建的广阔奇观。

鱼眼视图最能代表这种观看方式。传奇性的攀登生涯持续了8年，在进行地质勘探时，索绪尔绘制出了他在比埃山山顶上欣赏到的全景图，并委托布尔里特对周围的山脉制作了一幅图。正如他解释的那样,"观众被置于图片的中心,所有物体都是从这个中心的角度绘制的,因为它们是透过中心的眼睛来呈现的,一直延伸到地平线"。图片传达了索绪尔追求的统一和全局掌控,以及他自己的中心地位。"画家通过转动自己的笔来画出与自己看到的物体完全一样的东西。同样,人们依次将所有的物体连接在一起,就像在山顶上的观察者所看到的那样。"

在19世纪,鱼眼视图发展很快,其应用超越了科学。它们成为新的流行视觉文化的一部分。例如,它们被用作欧洲主要城市全景圆形大厅中,这些都是无窗的圆形结构,观众可以在建筑物中心的平台欣赏到360度全景画。彩绘画布完全覆盖了墙壁,展示了城市和自然景观,包括山地景观、战争痕迹等。游客的视野被平台上方的覆盖和平台本身切断。这给人一种完全沉浸于真实风景中的错觉,实际上全景图往往作为旅行的代用品出售。游客可以自由地在平台上漫步,并有专门的导游来指出景观中的各种特征,并在鱼眼图上识别出这些特征。

第一幅全景图是爱尔兰画家于1785年(在索绪尔征服勃朗峰的两年前)创作的,8年后在伦敦展出。在不到十年的时间里,一个真正的"全景图"在整个欧洲乃至全世界引起轰动。普鲁士的博物学家和探险家亚历山大·冯·洪堡鼓励建造圆形大厅,包含不同地理纬度

霍勒斯·贝内迪克特·德·索绪尔和布尔里特,《从比埃山顶上看山的环形景观》,1779 年

伊莱亚斯·伊曼纽尔·夏弗纳,《阿尔卑斯山高处的全景图》,1836 年

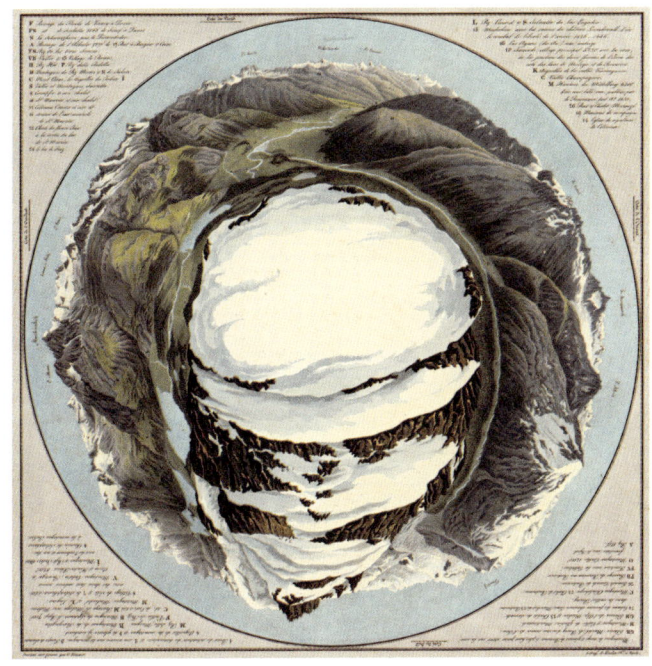

和不同海拔地区的交替照片。这些空间旨在让公众熟悉创作的作品和值得纪念的人。而浪漫主义诗人和画家则坚持认为不可能掌握全部知识，并把山脉作为人类心灵难以定义和难以形容的元素替代品。加上三维山地模型的全景图，得以全面了解景观，这就是"全视之眼"。

与索绪尔的山顶景观一样，全景图将世界描绘成以个人为中心的有序整体。然而，在释放光学效果的同时，全景图也引起眩晕感。易紧张的人们被反复劝告要保持冷静。这种在定向和迷失方向之间、理性探索的目光与痛苦的身体体验之间的紧张，索绪尔自己在阿尔卑斯山徘徊时已经反反复复地经历过了。爬到山顶就需要有面对悬崖的能力，换句话说，就是要驯服自己的感官。索绪尔发明了一种方法："躺下并向前推动头部，直到到达山谷的边缘，这就是看到深渊而没有恐惧感和眩晕感的方法。"

讽刺的是，由于新的视觉技术，阿尔卑斯山逐渐被公众熟悉。非专业的市民可以在专业导游和退伍军人的协助下，舒适地探索欧洲城市圆形建筑上难以到达的高地。例如，在以三维立体山地模型和全景图为特色的1899年慕尼黑体育展览会上，人们可以在精美的瓷器和其他视觉纪念品上欣赏阿尔卑斯山的鱼眼景色。1852—1859年，伦敦人还可以通过阿尔伯特·史密斯在皮卡迪利举行的热门表演中欣赏勃朗峰的风光。1851年，这位

罗伯特·富尔顿绘制的《观景平台全景图》，1799年4月，铅笔画

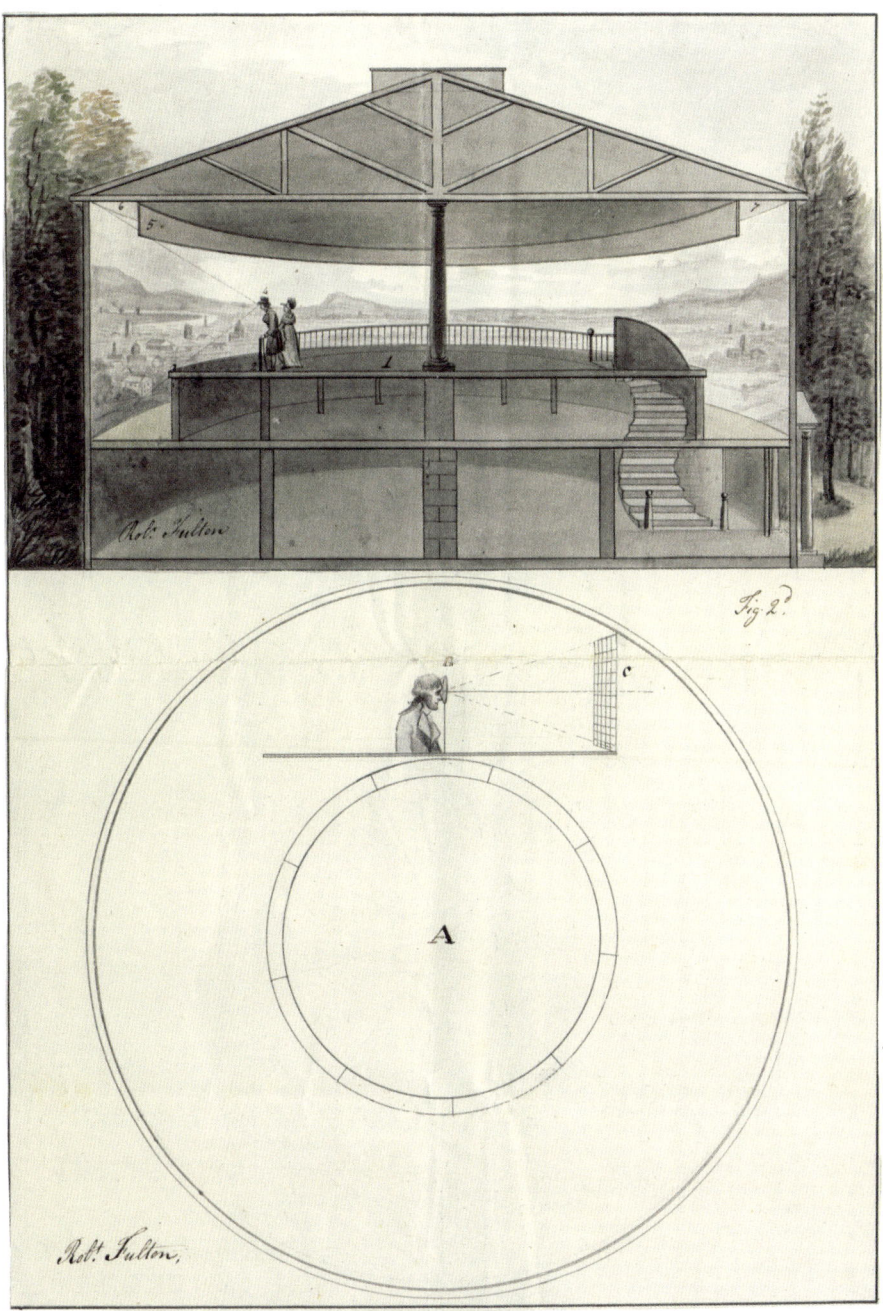

英国讽刺作家登上了顶峰,他带了一些能与索绪尔的探险队员相媲美的导游(他们不仅没有科学设备,还携带了许多酒:66 瓶葡萄酒、6 瓶波尔多、10 瓶圣乔治酒、15 瓶圣让酒、10 瓶白兰地和 2 瓶香槟酒)。

这是一场阿尔卑斯山的盛宴,舞台后面是蜿蜒的山地幻影,史密斯对此进行了评论。通过结合戏剧叙事和视觉技术,史密斯旨在重现他在山上所经历的眩晕和迷

战争老兵在圣普里瓦县风暴的全景图中,柏林,1883 年

第四章 山脉和视野

瓷盘上印有勃朗峰的景观,维也纳

失感:

"在两个小时的时间内,我处于一种奇怪的无意识和敏锐的观察状态,一边昏睡,一边清醒。我只能用'着了魔'这一个过了时的词来形容当下混乱和沮丧的状态,我发现自己陷入了困境。在山顶上,我希望将整个全景图浓缩成一个点;凝视着日内瓦的侏罗山,我想到了身后的伦巴第大平原,转过身来,我看到了奥伯兰,它的百峰在清晨明媚的阳光下闪闪发光。有太多的东西要看,但还不够,我的意思是,视野是如此广阔,每一个点和山谷都吸引着我,我如此饥渴地观察着,但是海拔太高了,我看不到细微的事物了。"

截至1858年,史密斯的观众已经成千上万了,多亏了便携式的视觉技术,如西洋镜等,使这些观众可以在家体验新奇的事物。

史密斯的节目有时会被专业登山家批评为庸俗,但在维多利亚时代的英国却产生了真正的"勃朗峰热潮"。1853至1858年间,这座山被攀登了不下88次。英国一家杂志的编辑报道称,通往山顶的路被铺上地毯,到19世纪末,宣布一个人到达勃朗峰顶的证书已经泛滥成灾。与此同时,通过望远镜观察登山者也已经成为像登山运动一样受欢迎的项目。

视觉技术不仅将山脉变成了欧洲城市资产阶级消费的商品,而且从山顶上看,世界本身也变成了一个以观众为中心的展览。他们自相矛盾地沉浸其中,却同时与之脱离。爱德华·温伯尔写道:"从最高峰看到的全景无疑是奇妙的,但它们并没有很高的价值。我认为观赏山

阿尔伯特·史密斯先生在皮卡迪利埃及厅"攀登"勃朗峰,摘自《伦敦新闻画报》,**1852 年**

阿尔伯特·史密斯的勃朗峰西洋镜

上风景最宏伟和最令人满意的地点应该是那些足够高,可以给人深度感和高度感的地方,而这些地方足以展示广阔多样的景色,但又没有那么高,足以使观众都能够欣赏到。"

其他观赏方式

有很多原因(军事勘察、科学观察、规划、掌控力,或仅仅出于好奇)可以促使人从山顶往下凝视平坦的土地。看风景可以有很多种方式,从山顶往下看隐藏着现代化的观看方式和诸多矛盾,这是想当然的一种方式,但是我们常常忘了这只是其中的一种方式而已。

山　脉

在拜占庭和俄罗斯，山脉不是线性视角掌控的对象，也不是掌握世界的高架平台，而是以石板为特征向上堆叠。就这样，它们将光线聚集在画面中心。

中国山水画提供了另一种看风景的视角。西方透视绘画（以及后来的机械化摄影）要求观察者站在固定位

郭熙的《早春图》，
1072 年，卷轴

置从高处眺望,而中国山水画则强调置身于风景中,体现山间漫步的必要性。11世纪的画家郭熙认为,在学习绘画时,"欲夺其造化,则莫神于好,莫精于勤,莫大于饱游饫看,历历罗列于胸中"。亲身游历观察才能使艺术家发现景观的神韵,烂熟于心,才能画出齐绝的风景。与西方绘画不同,画远处的风景不一定要变小。艺术家要在他画的世界中移动。他将画出自己徘徊在风景之中所获得的视觉效果,并且使看画的人也有相同的视觉体验。

在立体主义艺术中,山脉具备另一种功能。在保罗·塞尚的画作《圣维克多山》中,山峰耸立在周围的平原上,以灰色和黑色的笔触展现了主体山峰的整体面貌,呈现山的巍峨和高大。塞尚在给他一位朋友的信中写道:"风景在我心。"塞尚的画作中之所以有这座西方艺术中鲜为人知的山,是因为画家对这座山的痴迷。他创作了60多幅画,对画作产生了认知危机。"人们认识到,过多地将目光放在一件事物上并不能对该事物的存在有充分的理解,相反,会导致认知的瓦解和丧失。"圣维克多山是和试探山截然相反的存在,它体现了现代视觉的一面,或者也仅仅是另一种观察山脉和世界的方式。

苏格兰小说家和诗人娜恩·谢泼德在20世纪40年代描写凯恩戈姆山脉时,曾写到,山脉赐予我们看事物的新方式。然而人们必须训练感官,她带领人们,沿着

山　脉

保罗·塞尚的画作《圣维克多山》，1902—1904年，油彩画

令人回味的《活山》中的黑暗山脊和水晶湖散步，谢泼德大胆地撬开土地表面，探索隐藏的裂缝，视线停留在细节上，将自己完全沉浸在风景及其周边事物上。她的诗意之旅伴随着永恒的发现。她没有追求现代的全知之梦，也没有被动地屈服于崇高的未知性，她将登山经历看作是一种创造性的行为、一种无限的学习行为、一种丰富无止境的体验过程。

土壤、海拔、天气以及植物和动物，人们越了解它们之间错综复杂的相互作用力，就越觉得它们神秘。知道高山是无法穷尽的。已知事物的神秘感会随着了解的深入而增长。

在这个过程中,视觉起到了主要的作用。

入口处的风景映入谢泼德的眼帘。在山顶的高处,世界似乎"全盘塌落,仿佛我已经走到了边缘,即将走过去。遥远的地方,稍低一点,就是高山"。不同于索绪尔,最让她兴奋的不是清晰的图像和开阔的视野,而是雪花的几何形状、石英晶体、花瓣的图案、岩石的裂缝、深处的凹陷、云层内部的上升、隐藏的雾霾,以及在黑暗中漫步。奇怪的是,这说明一个令人熟悉的地方隐藏着新知识,或由高处引起的错觉,换句话说,就是那些景观隐藏的一面。

> "攀登到顶峰对我来说意味着更宽敞的观看世界的视野:这是荣耀的时刻。但是在费力往上攀登的过程中,感觉到坡度有所缓和,越来越接近山顶,就像去埃查尚湖一样,到达山顶时突然发现并没有广阔的外在视野,却有令人震惊的内在空间。多么令人惊叹的内部呀!巨石遍布的平原,寂静闪亮的湖面,悬崖峭壁上的黑色悬垂物……"

诗人的目光注视着这座山。正如罗伯特·麦克法伦在这本书最新版本的序言中所说的那样,谢泼德有力地纠正了世界的外在图景与内在精神无法分割这一思想。

越来越多的人开始忘记,我们的思想受外在世界

（空间、质地、声音、气味）以及我们遗传特征的影响。我们的肉体实际上正在渐渐地和内在世界脱离。

重新激活两者之间的链接，穿越谢泼德心中的"活山"："眼睛赐予我无限的视野，也是眼睛发现了光的奥秘。地球在不断变化的灯光下历经千变万化。"

第五章　山脉和时光

钟声在大山深处响起。这是一个巨大的时钟，一二百米高，时长1万年。每隔一段时间，钟声自深山处发出，每次钟声响起，都是一段新的旋律，1万年都不会重复。多数情况下，当游客受伤时，钟声会响起，时钟也会囤积来自其他地方的能量，无人在山间时，也会响起钟声。没有人可以猜得出在时钟会响起多少优美的歌曲。

得克萨斯州西部范霍恩附近的石灰岩山上正在建造"万年钟"。它的发明者、工程师和计算机科学家丹尼·希利斯认为这个项目是对西方当代社会持续关注时间短暂性的一种矫正。技术的飞速发展，市场驱动经济体的短期发展或下届民主选举的视角都鼓励我们将注意力放在不久的将来。希利斯认为，建立一个"每年滴答作响，每一千年布谷鸟报时"的时钟，会促使人们从几代人或几千年后的角度，而不是以数年后的角度去思考，增强人们长期责任意识。

内华达州东部的另一座山顶上最近被购买作为第二

个时钟的站点。这两个场地都对游客开放,两个地方遥不可及的距离产生了神圣的体验。该项目网站上说,"要想看到时钟,你需要在黎明时开始攀爬。到达入口,你会发现有一扇用不锈钢打造的门"。高山上的景色和被岩石困住的时钟同样重要。每座山都回荡着时钟的声音。一座山,一道谜。

在它们永恒的外表下隐藏着古代灾难和永久变迁的秘密故事。它们强大的力量在多数故事中占据着显著的地位。赫西俄德将它们与海洋并列为天地结合产生的第一物。

邂逅山脉不仅有助于人们去观察和感知空间,而且有助于塑造现代的时间和历史观念。山脉中坚硬的岩石

得克萨斯州锯齿状山脉上的"万年钟"

暗示着不朽和不变，这里似乎没有经历过时间的流逝。我们往往忘记了，山脉的轮廓其实已经改变了，并会继续改变下去，只是不能用人类的时间尺度去衡量它而已。

约翰·拉斯金认为山脉在移动。那时候，他们才从第四个时间维度去衡量山脉的位移。直到 17 世纪末，人们还普遍认为山脉是在上帝造物时创造出来的，形状会一直保持原状，不会改变。到 19 世纪末，山脉通过侵蚀过程慢慢改变形状的观点才变得流行起来。为什么会这样呢？为什么山脉开始移动？山脉是如何改变我们过去和未来的想法的？

这一切都源于那个时代所谓的欧洲贵族式旅行。1671 年，威廉三世的牧师托马斯·伯内特陪同年轻的威尔特郡伯爵到意大利去接受古典教育学习。然而对于牧师来说，这次旅行的亮点并不是宏伟的罗马废墟，而是阿尔卑斯山。穿越辛普龙山口时看到的风景深深震撼着他，这景色是他从未见过的，也从未想象过的。伯内特感叹，除菲利普·克鲁弗外，地图绘制者倾向于淡化山脉，突出人类居住区、河流和其他对民政事务和商业有用的特征。有时山峰用小型的金字塔做标记，有时则是形状比较规则简单的小丘。这些图像具有一定的欺骗性，因为它们传达的是比实际情况更加规则的地面图。当人站在阿尔卑斯山前时，看到的却是另外的景象：

假设一个人在沉睡中从一个地形平坦的国家被抬到了阿尔卑斯山顶上，当他醒过来的时候，环顾四周，他

迭戈·委拉斯开兹，《圣灵怀胎》，1618年，油彩画

会认为自己身处一个迷人的国家中，或者进入了另一个世界。看见他的身体处于一片混乱中，那片混乱就像那些错综复杂的山脉一样。他的四周围绕着裸露的岩石，空旷的山谷在下面裂开，盛夏时节，他的脚下可能是一堆冻雪。他会听到从下面传来的轰隆雷声，看见笼罩的乌云。此情此景，他很难相信自己仍然在地球上。

第五章　山脉和时光

伯内特看到的场景肯定比他惯常使用的地图更像17世纪意大利巴洛克画家萨尔瓦多·罗萨的画。因此他自己的反应类似于熟睡的人，也就是一个完全没有准备好和这样的场景邂逅的人。

然而困扰这位牧师的并不是山峰的维度，而是其令人不安的混乱状态。伯内特生活的时代让他拥有注重对称性、平衡性、克制性的美学标准。在欧洲，处于他那一时代的画家将圣洁与完美光滑的白炽灯般的月亮联系在一起，伽利略发现后者表面粗糙的地形后就将这一联系扰乱了。有人将月球上山的存在视为普遍认知的崩塌，因为这意味着月球并不是人们曾认为的完美脱俗的天体，而是类似于地球的平凡天体。

这个发现对伯内特的震惊更大。他称那些巨大的、荒凉的杂乱石头和垃圾堆为山脉。它们没有美感，没有形状，更没有秩序。事实上，他总结道，"在自然界中，没有什么比一块古老的岩石或一座山峰更具轮廓感了。它们是我们在自然界中见识到的最能体现杂乱状态的例子。即使没有暴风雨或地震也会使事情更加的混乱"。

这次与山脉的邂逅带来的冲击迫使这位牧师重新审视自己的观点。造物主如何用他无限的智慧和怜悯创造出如此丑陋的事物？他们不规则的形状从何而来？多年来，这些岩石持续困扰着伯内特。他最终得出的结论是，直到洪水过后，山脉才存在。造物主最初创造的地球光滑而美丽，是一个"宇宙蛋"。但是在自然界中引起巨大骚乱的大洪水永远地改变了它的形状。因此，山脉是这场灾难过后的产物。

伯内特写给国王的信中说："我们仍然拥有第一世界残留的物质，行走在它的废墟上。虽然它矗立起来，但那里始终有黄金时代的景象；当它下坠时，引起了洪水；我们现在居住的这个表面粗糙的地球，是它在洪水退却后出现的形态，旱地则出现了。"这些废墟是创造之谜的钥匙；它们使伯内特能够找回一个已经从人类的记忆和时间记录中消失了数千年的世界。

图像以圆形顺时针的时间顺序显示地球不同的形态，从混乱的创造初期到末期，或者最终极。希腊语"telos"，还有第二个含义——完美。完美既体现在光滑的"宇宙蛋"上，也体现在时间的循环运动上。

以这样的方式描述大自然即将到来的变化和革命，并贯穿以后的时代，需要在一个视图中去展示它们，就像在镜子中一样，我们可能会看到从头到尾自然更迭的不同面。

深　时

伯内特所处的时代是神圣的历史时期。这是由一系列不间断的事件和永恒重现组成的时期，"我是阿尔法和欧米伽"。这一时期可以追溯到6 000年前时。直到17世纪末，时间界限才变得模糊。因此，偶有旅行者或自然科学家在穿越阿尔卑斯山时发现化石后，他通常将这些奇怪的物体视为山洪曾覆盖过这些山顶的重要见证。

德国哲学家和数学家戈特弗里德·威廉·莱布尼茨一直认为地球是玻璃片，是光与黑暗发生分离时的产物。他前往哈茨山脉和阿尔卑斯山，观察它们不规则的形态和物质，这使得他坚信，即使被其他物体和材料掩盖住了，玻璃也是地球的基础物质。玻璃化地壳的上部是由液压作用形成的。莱布尼茨认为，大洪水（和其他洪水）退去后，它们又返回到地下洞穴，沉积化石。这就解释了山中存留贝壳和其他海洋生物化石的原因。

18世纪中叶，伏尔泰对一些故事的解释持怀疑态度，至少他试图研究过。他认为，化石是穿越阿尔卑斯山的中世纪军队"野餐"时遗留下来的。"腐烂的鱼被旅行者扔掉后，就石化了。"伏尔泰的这种观点并没有引起重视。乔治·路易勒克莱尔（布丰伯爵）嘲讽伏尔泰，"阿尔卑斯山中的鱼类化石并不是食用起来最美味的鱼，用它做午餐简直是糟糕透了"。布丰伯爵建议，为了了解自然历史，人类必须更深入的研究"地球档案"。

莱布尼兹和伏尔泰的理论仍然局限在传统年表上规定的时间范畴，布丰则认为一些年表中的每一天都跨越了更长的时间范围。因此他公开称将地球的年龄延长到75 000年，他本人推测地球寿命可能还会更长。布丰伯

山 脉

詹姆斯·哈顿的《亚瑟王宝座和索尔兹伯里十字架》,爱丁堡,水彩画复印品

爵只不过是一场更戏剧性革命的先驱,这意味着"深时"的开始。

"深时"的发明通常归功于苏格兰人詹姆斯·哈顿,也被称为"地质学之父"。除了是一名博物学家、医生、化学家和实验农场主,哈顿还是一位永不言败的步行者和非常细心的观察者。1785年,在经过凯恩戈姆山时,他发现花岗岩石的边角穿透沉积岩,表明前者已经熔融,并被迫从下方渗入较老的岩石层中。他后来在该国其他地区也观察到这种异常现象和类似的现象,说明这是一种发展与衰变、更新与干化的地质模式。岩石受外部因素影响因高温和高压而抬升。哈顿总结说,这一过程是一个持续进行的系统中的一部分,这个系统不断地循环利用地球物质。

这种观点以古罗马火神的名字命名,也被称为冥王论,与弗赖贝格工业大学教授亚伯拉罕·戈特罗布·沃纳倡导的流行理论——水成论(来自海洋的神性)——相对立。根据沃纳的说法,地球最初由水组成,其所含物质随着时间的推移而沉积,形成了一系列岩层。巨大的洪水重复了这一过程,进一步增加了岩石和化石层。

哈顿所描述的地质过程要求的时间跨度是人类头脑无法想象的,不是数百年或数千年,而是数百万年:

"时间衡量着我们思想中的一切,虽然有局限性,但对于自然界来说,时间是无穷无尽的,不受限制。而且,在我们看来似乎是无限的自然时间进程不能受到任何可能会终结它的行动的约束。因此地球上事物的进展,即自然的过程,不能被时间限制,它必须持续不断地进行下去。"

哈顿的理论开辟了一个新的令人惊奇的维度,一种"时间上的升华",可与之前的"空间开放"相媲美。他们似乎将过去和未来陷入了一个无底的深渊,正如哈顿写的那样,"没有开始的痕迹,没有结束的前景"。就像登山者站在深谷或高耸的山顶上一样,哈顿的追随者经历了不一样的兴奋和眩晕。正如他的同事和支持者约翰·普莱费尔在与哈顿一起参观一个地质遗址时写道,"看着如此遥远的时间深渊,头脑似乎变得晕乎乎的"。在地质学家的观察下,群山翻了个身。

山 脉

地质学推动了登山运动的发展,同时人们对地球的起源也产生了前所未有的兴趣。博物学家霍勒斯·贝内迪克特·德·索绪尔被吸引到阿尔卑斯山,希望能揭开地球过去的秘密。像伯内特所言,到山上去冒险并不是简单的前往"另一个世界"的旅行。它实际上意味着踏上了一次时光之旅。当一个人穿过不同的层级,整个时代就会过去。路易·拉蒙德·卡邦内尔在《前往佩迪杜山和比利牛斯山周边地区的旅行》中写道:"从出生到死亡的旅行。"

到了 19 世纪初期,人们再也不能用以前的眼光来看风景,尤其是山脉。英国测量师威廉·斯特拉塔·史密斯在 1817 年的横断面图中,对自己的国家进行了详细的研究。村庄和城市(包括伦敦)几乎消失在巨大的山峰、丘陵和深邃的地质层之间。人类的居住区被缩减成一个个小符号,被地球和时间吞没。

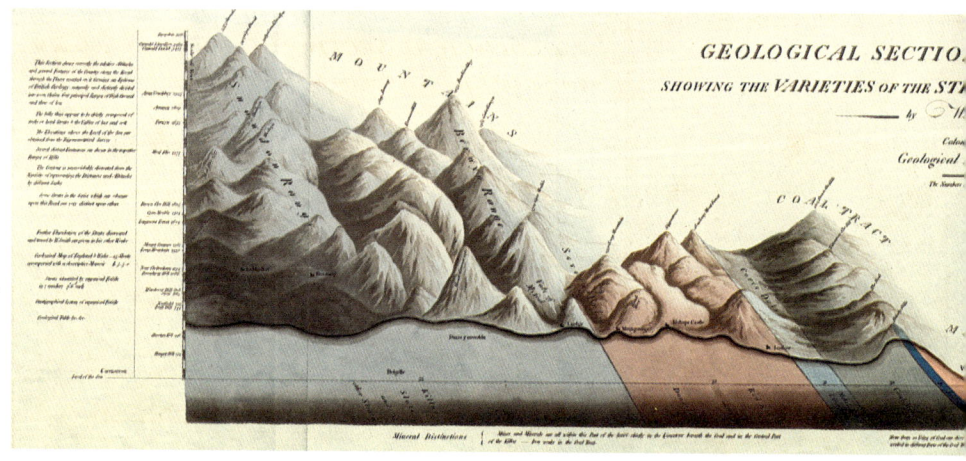

第五章 山脉和时光

同样,卡斯帕·大卫·弗里德里希创作这幅大型画作《瓦茨曼》的灵感来自沃纳的理论和岩石分类,画中是一系列地质层,每层都位于不同的视觉平面上,没有人类的存在。观众的目光从前景的不规则岩层一直延伸到其后方的平缓山丘,并进一步被推向背景中高耸的瓦茨曼雪峰。山脉不再被视为传递人类需求的媒介。正如艺术史学家蒂莫西·米切尔评论的那样,"它比人类短暂的激情更伟大,比人类的临时建筑更持久"。

然而,地质时间主要是通过查尔斯·莱尔的作品进入西方大众的想象中。1828 年,这位苏格兰地质学家前往西西里岛研究埃特纳火山。在熔岩层之间,他观察到了牡蛎壳的厚层,这表明熔岩流之间的时间一定很长。莱尔因此得出这样的结论:这么大的圆锥体是通过一次次小喷发形成的。与哈顿一样,莱尔描绘的星球年龄是以百万年为单位的。但是对于哈顿来说,上升期可能是

威廉·斯特拉塔·史密斯的《伦敦到的斯温顿的地质刨面图》,1817 年

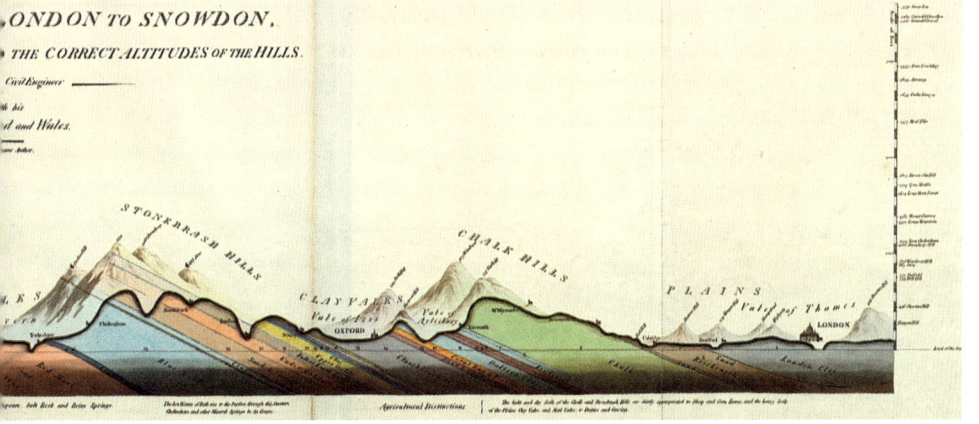

灾难性的，对于他的继承者来说，周期内所有阶段都是在局部同时进行的，这使得地球"在其剧烈的搅动中保持住了永恒的稳定"。

埃特纳之旅两年后，莱尔出版了《地质学原理》，很快成为畅销书。科学的观察与陌生的风景生动交织在一起，吸引了成千上万读者的注意力。维多利亚时期的寻幽探奇者在维苏威火山脚下的赫库兰尼姆和庞贝进行了古城之旅，他们被带到希腊、冰岛和墨西哥的火山，然后被抬到埃特纳火山和泰德峰的山顶，接着又被运送到地表下的神秘世界，探索地球最缓慢的运动。

在莱尔的注视下，即使是最寂静的风景，也呈现出了新的、动态的时间维度。在描述埃特纳火山的波维山谷大平原时，这位英国地质学家邀请他的读者想象自己身处一个大型圆形剧场中，这一圆形剧场被熔岩的垂直壁包围。莱尔观察到，秋天时，"它们的黑色轮廓经常会被身后的绒毛状蒸汽云遮挡，直到中午才散去；当太阳照耀在西西里岛的其他地方和埃特纳的更高区域时，阳光才会填满山谷"。与莱尔同行的旅行者也踏上了一个不断寻求答案的旅程：

一旦蒸汽开始上升，景象就会发生最大程度的变化，不同的岩石就会轮流显露出来，而埃特纳火山的山顶常常会带着耀眼的雪冲破云层，然后突然从视野中消失，一种异常的寂静弥漫开来。因为没有激流从岩石上冲下来，也没有流水在山谷中流动。

第五章 山脉和时光

卡斯帕·大卫·弗里德里希,《瓦茨曼》,1825年,油彩画

莱尔的《地质学原理》出版10年后,路易斯·阿加西兹关于远古冰河时代的推测进一步激发了人们对地球深层探索的兴趣。这位瑞士地质学家将这一时代所受的影响和他所处山脉的冰川联系在一起,冰川仍然在移动,冲刷着岩石,并在远离其形成地的地方沉积巨石。因此,冰川和之前冰川的痕迹被解释为地球历史中最引人注目的遗迹,是巨大的"时间卷轴",地球的故事在这上面一层一层地书写。

阿加西兹的想法在全球很有影响力。到19世纪70年代初,约翰·缪尔认为约塞米蒂国家公园是由冰川雕

99

从埃特纳峰到博维山谷的景色,查尔斯·莱尔《地质学原理》中的木刻画(1833年)

刻而成的,电影先驱埃德沃德·迈布里奇前往那里拍摄了冰川痕迹。正如作家丽贝卡·索尔尼特所评论的那样,"在约塞米蒂,水和岩石成为迈布里奇的主要拍摄对象,水代表着变化,代表着逝去的时光;岩石代表着经久不衰"。从某种意义上说,这两个元素成为迈布里奇对不同时间维度的隐喻,迈布里奇试图通过摄影来抓取和控制这些维度:一方面,时间因新的通信和交通技术而缩短;另一方面,地质过程的缓慢变化使时间无限拉长。

除传统照片外,迈布里奇还制作了用来观看约塞米蒂的立体镜,这是一种光学设备,用于将照片作为单个三维图像进行观看。立体镜起源于19世纪20年代和30年代的双目视觉研究,并在19世纪50年代作为一种视觉吸引力被商业化。在许多方面,它弥补了维多利亚时代非常流行的全景图、望远镜和其他光学设备的不足。与全景图一样,它在19世纪下半叶最流行的用途之一就是作为神游旅行者的媒介,用来观看遥远地方的风景。

到19世纪末,除迈布里奇广受欢迎的约塞米蒂系列外,以美国西部荒凉的岩石景观为主题的立体卡(光秃秃的悬崖、孤立的台地和丘陵)已经成为维多利亚时代收藏的标准物品。立体影像媒介同时表现了岩石的坚固和不可思议的位移感,仿佛时间突然凝固。这些卡片与其他描绘废弃的哥特式教堂、青苔覆盖的希腊神庙、面朝大海的断柱的卡片一起出现。

山脉和废墟确实已经紧密相连。在18世纪后半叶,美国地质学家开始将山脉视为遗迹。虽然莱尔所描述的缓慢而均匀的地质过程主要是构造和沉积过程,但在19世纪末之前,衰变一般都不考虑在内。部分原因在于莱尔和之前的学者研究的阿尔卑斯山和其他欧洲山脉与遗迹之间几乎没有直接的相似之处。相比之下,美国西部偏僻的方山则以图表的方式清晰地回顾了它们受侵蚀的情况。

因此,地理学家约翰·威斯利·鲍威尔在1875年写道:"山脉并不是被堆起来的,而是一块块巨大的石块被缓慢抬起,群山被乌云笼罩了。耐心的艺术家们花了很长时间来完成他们的工作。"地质时间不再是引起好奇心或眩晕感,而是引起一种持久的忧郁情绪。诗人约翰·古尔德·弗莱彻写道:"在星空下,在孤寂的中间地带。万物

山 脉

迈布里奇,《约塞米蒂的瀑布》《低水处的第二道瀑布》,1868 年

都在慢慢崩溃,石头、梦想和努力。"

古典时期

当与人类历史相关时,山脉通常不被视为崩塌的废墟或变化多端的存在,而被视为永恒的纪念碑和不变的地标。乔尔·泰勒·芬德利写道:"人类历史上伟大的地标。"

1813 年,剑桥大学的古典学家和矿物学家爱德华·丹尼尔·克拉克曾在几个名门望族当过家庭教师,并因从斯堪的纳维亚半岛到叙利亚的旅行以及在奥斯曼、希腊和埃及掠夺了大量的古物而出名,他攀登了多座神话般的高峰,包括小亚细亚的加尔加鲁斯山。在远古时代,这座山是供奉女神西布莉的,是土耳其伊达山脉的最高点,位于古特洛伊所在地的东南方。

第五章 山脉和时光

克拉克的登顶激发了人们的探索热情。画家萨尔瓦多·罗萨在旅行中研究和描绘大自然的野蛮和粗野。队伍随后经过了一些希腊小教堂的遗迹。在山顶上,克拉克鸟瞰古典世界的地标,这是一种类似于索绪尔所看到的有序的整体视图,他感叹道:

"多么壮观的景象啊!在我面前整个欧洲仿佛是一个巨大的玻璃面。俯瞰特洛伊,它在我面前似乎像草坪一样伸展开来。我清晰地看到了斯卡曼德洛斯穿过特洛伊平原通向大海的路线。河流像一条银线,为观察其他物体提供了线索。我可以辨认出艾西提斯之墓。"

克拉克的经历和热情绝非独一无二的。当他站在加尔加鲁斯山顶峰的时候,攀登著名的古代山峰已经成为那个时代旅行的一项时尚运动。例如,在1741年前往勃朗峰之前,理察·波寇克刚刚攀登过阿索斯山、伊达山脉、维苏威火山和吉萨大金字塔;而在1809年,拜伦勋爵冒险前往帕纳苏斯的山坡上寻找诗意的灵感。他认为,与真正的山峰(神话故事中阿波罗和缪斯女神的神圣住所)邂逅,激发出的诗歌比他以前读过从所有的古典读物获得的启发都多。

几个世纪以来,古希腊人和古罗马人被视为现代欧洲人的祖先。然而对古代世界的了解仍以文学为主,并且通过罗马人来传递。像伯内特这样的西方学者在大旅行时前往意大利，却不敢穿越爱奥尼亚海。偶有失去理智的人才会冒险前往曾受过强盗侵扰的土地。直到18世纪初，大旅行家才开始将目光转向东方。拿破仑战争导致他们改道从意大利和中欧前往奥斯曼帝国。

同时，古希腊人的浪漫和理想化，将现代希腊人从束缚中释放的热情联系在一起，以一种新的力量激起了欧洲学者的想象力。古典时代的"过去"真的变成了"外国"，时间变成了空间。爱德华·多德维尔在19世纪早期写道："在爱奥尼亚海之外，几乎每一块岩石，每一个海角，每一处景色都被强者死去的阴影困扰。希腊土壤的每一部分似乎都充满了历史回忆。"

在帕萨尼亚斯和荷马的武装下，专业的历史地形学家、外交官、海军军官和其他热心的人对自然环境中理想化的文学历史进行了认真调查。与索绪尔、卡邦内尔、哈顿、莱尔及其追随者一样，他们的旅行都是通向过去的旅行。然而，与早期地质学家的旅行不同，这些旅行与其说是发现之旅，不如说是侦察之旅，是对过去的侦察，他们在离家之前就已经很熟悉这些地方了。奥林匹斯山、伊达山脉、奥萨山、伯利翁山和阿索斯山之类的名字都是他们青年时在读物中见到的。

从爱德华·多德维尔和查尔斯·罗伯特·科克雷尔的博学地形到爱德华·李尔的开放性视野，希腊山脉从视觉和想象力的角度环绕着诗意的过去，就像它们在旅

第五章 山脉和时光

行者的素描和绘画中出现的方式一样。1847年至1851年,爱奥尼亚群岛政府秘书兼爱奥尼亚大学校长乔治·弗格森·鲍恩写道:"尽管有其不足,黎凡特的野生动物却具有巨大的魅力。"

太阳的第一缕光辉照耀着阿索斯峰、奥林匹斯峰、彭忒利科斯山、帕纳苏斯山、伊达山、黎巴嫩或其他记忆中的高峰,将你的视线锁在地平线上。如果海洋太远的话,在畅游爱琴海后,骑在马鞍上或者在著名的溪流中畅游,初升的月亮或晚星的第一缕淡淡的光束,让你像森林中的鸟儿一样,沉下心休息。

与阿尔卑斯山不同,古希腊的山峰并没有被视为崇高的事物,而是被视为鼓舞人心的诗意之物,作为美丽、轮廓分明的定向地标(就像它们曾被古代水手和英雄称颂的那样)。

希腊的山峰也作为特殊的平台,从这里可以观察到古代的风景,并以伯内特所期望的有序方式重新激活古

爱德华·李尔,《帕纳苏斯山上的众多旅行者》,1879年,水彩画

典记忆。作家兼旅行家亨利·范肖·托泽在 1882 年写道:"站在帕纳苏斯山的山顶上,可以得到希腊最广阔的视野,从色萨利北部到阿卡迪亚,从科林斯海湾的入口一直到阿提卡的最顶端。"

这些山峰大部分是可见的,所产生的效果不是从埃特纳火山俯瞰西西里时看到的情况。那里的一切都太矮了,也不是从阿尔卑斯山看到的景色。注意力都被一个压制性的物体吸引住了,眼睛从一个点转移到另一个点,停留在一座又一座山上。

在黎凡特,欧洲贵族式旅行(和登山运动)越来越受欢迎,这在很大程度上与 1832 年在欧洲列强的支持下建立的希腊王国及其逐步扩张有关。新王国除了受德国君主的统治,还继承了西方的审美情趣,包括浪漫主义对壮丽景色的迷恋,自然也有对山脉的迷恋。在这个新生的王国里,文化之间的融合先于现实。通过浪漫诗歌、小说和绘画中对自然环境的描写,古希腊的"残缺之躯"得以修复。对希腊人和他们的崇拜者来说,山脉因此成为永恒的"民族纪念碑",成为民族叙事和纪念英雄壮举的基座。

帕纳约蒂斯·索托苏斯的《旅行者》是一部五幕悲剧,是希腊浪漫主义最具代表性的作品之一。在索托苏斯的笔下,静态的景观有了生命,旅行者迷失在令人惊叹的阿索斯山(大部分悲剧发生的地方)。

石化的巨人观察着时间的流逝和人类繁衍。岩石和

第五章 山脉和时光

植被，洪流和海浪，雷声和闪电瞬间融合成一个永恒又充满生命活力的生物。阿索斯山成了古希腊政治体的象征，既是永恒纪念碑，又是动态的生物。

在19世纪的画作中，希腊金字塔形的山峰耸立在散落地平线上，以呼应民族及其英雄的不朽。例如，在奥德瓦雷的《拜伦勋爵死在床上》（1826年）中，阿波罗英雄诗人的身后，戏剧性地展现出这种风景。在紫色帷幕和一座埃留忒里亚雕像的衬托下，这幅风景画与拜伦破碎的七弦琴相映成趣，表明他为之奋斗的，并通过缪斯女神所颂扬的理想和民族，将会一直延续。

现代希腊只是山峰被当作民族纪念碑的例子之一。约在希腊独立前一个世纪，瑞士阿尔卑斯山已经成为"美德之座"和自由的代名词，这在很大程度上要归功于阿尔布莱克·冯·哈勒、卢梭等人的著作。在其他国家历史中，山脉彰显着国家命运，无论是作为保护古老传

奥德瓦雷的《拜伦勋爵死在床上》，1826年，油彩画

山 脉

阿尔伯特·比尔施塔特,《落基山脉中的暴风雨》罗莎莉山,1866 年,油彩画

统、维护国家统一的天然屏障,还是作为自然的支柱,或只是作为雄伟的永恒象征。

在阿尔伯特·比尔施塔特的画作与迈布里奇的约塞米蒂照片中,人类的特征往往完全消失,或者说艺术家以润物细无声的形式来表现宏伟壮观的景物。比尔施塔特回忆说:"我第一次看到落基山脉时,除了流泪,没有其他的想法,看到它们的样子,知道它们是什么,就像突然知晓了一个真理——精神具备真实性和实质性;宇宙中永恒的事物就是它们,它们显得黯淡又遥远。"

魔 山

托马斯·曼的《魔山》作于第一次世界大战之初,

第五章 山脉和时光

于 1924 年出版。与上文相比《魔山》的视角发生了变化，从地面升到山坡上。空间上的变化导致时间也变化了，从统一时间转移到了山脉内部时间。山成为一个静止的平台，在这个平台上，移动的世界隐藏在下面。

就像海明威的《乞力马扎罗的雪》一样，《魔山》的灵感来源于现实生活。1912 年，托马斯·曼的妻子因肺部染疾，在瑞士阿尔卑斯山高处的达沃斯肺病疗养院住了几个月。陪同期间，作家对疗养院的各种生活和各色人物作了精心观察。和托马斯·曼一样，小说的主人公汉斯·卡斯托尔普来到高山肺病疗养院探望表兄约阿希姆。远离"平地"的世界，他发现自己沉浸在一个微观世界中，时间悬浮在生死之间。瑞士疗养院拥有许多国际客户，是第一次世界大战前夕颓废欧洲的缩影。到目前为止，它与山下平原上普通人的生活相差多远呢？

时间一分一秒地流逝，卡斯托尔普自己也出现了肺结核症状，并被说服留在疗养院中直至康复。他最终在那里待了 7 年。期间他不受时间的限制，得以探索他内心的自我和生命的意义。托马斯·曼问道，"一个人能否讲述时间，也就是说，时间本身是可以被描述的吗？"这个问题是反问，因为他接着解释说，"那肯定是一个荒谬的事"。故事的叙事和音乐只能表现为一种流动性，一种时间上的连续，以一件事接另一件事的方式延续。

小说以当时欧洲各国最大的悲剧——世界大战的爆发——为结尾。卡斯托尔普回到山下，带着希望毅然决然地踏上了奔赴前线的征途。"走出这场死亡盛宴，走出极度狂热，被雨水冲刷过的夜空发出炽热的光芒，难道爱有一天也会升华吗？"

山脉历史在偶然性和永恒性之间，在现在和创造的深时之间摇摆，这种关系在国家历史中表现得最为明显，它们不断试图将现代文明与土地以及山脉联系在一起。民族和国家利用山脉来巩固他们的自然边界。不仅如此山脉和民族主义在更深层次接触，生与死在此相遇。这种情绪通常表现为对共同神话过去，这种过去"自然"地嵌入了山水之中。民族历史给山脉注入了一种神圣的感觉，这种感觉没有时间限制。无论它们的山地地形多么与众不同，这些故事的分享都是对纯洁、真实、美德和再生的追求，以及通过岩石和高处洁净的空气将这些具象化。

然而，如果说19世纪和20世纪是民族国家历史和自然相交的世纪，那么我们可能会问，今天是否或在多大程度上仍然如此？正如全球化需要新的空间想象模式和方法一样，人类世界需要我们以不同的方式来思考时间和历史，或者至少以不同的尺度来思考。从永恒的纪念碑或阴郁的废墟，到如今随着冰川的缩小成为气候变化的晴雨表，山脉就像丹尼·希利斯的"万年钟"一样，呼吁我们不仅要反思遥远的过去，还要思考遥远的未来。

第六章　山脉、科学和技术

自古以来,高耸的山脉一直是研究自然现象的观测站。斯特拉波报告说,为这特定目的需要定期攀爬埃特纳火山。塞内卡委托他的朋友(西西里岛的一位检察官)爬上这座火山,查明关于它正在逐渐下沉的报道的真实性。因为他认为,"过去,水手们能从比现在更远的距离可以看到火山"。老普利尼在尝试研究火山维苏威火山的喷发时丧生,他写道,"为了研究植物,他们游荡在难以到达的山顶和偏远的荒野中"。

在古代地中海地区,一些山峰因其某些特征和现象而闻名。例如,阿索斯山雄伟的形状非常著名。根据彭波尼·梅拉在1世纪时写道,这座山直插天空,在山顶形成了雨和云。彭波尼认为,这个想法"具备一定的可信度,因为灰烬并没有掩盖最高峰的祭坛,而是在土堆上留下了痕迹"。小亚细亚的伊达山与另一种奇特的大气现象有关。在夏天,狄奥多罗斯写道:

"当天狼星升至其顶峰时,由于周围大气的静止,在夜晚仍然可以看到太阳,光线分散到不同的方向……"

4世纪,卡帕多西亚的高地为隐士提供了秘密的平台。在这里,他们可以进行思考、创作,这些平台也有助于他们对宇宙的理解。例如,在厄赫拉热河谷一座高耸的山峰小屋,圣巴索尔大帝指挥着山脚下的广阔平原。随着雾气逐渐消散,他观察覆盖山坡的树木,并沿着艾里斯河行进。到了晚上,他抬起眼睛看向天穹和星星。

在欧洲,山脉维持并扩展了其作为观测台的古老作用。其中一些与重要的科学实验联系在一起。例如,1774年,苏格兰中部的希哈利恩山被用来测定地球的平均密度。如我们所见,索绪尔登上勃朗峰就是受科学实验的推动。

其中最著名的测试是在法国中南部奥弗涅的多姆山上进行的。1648年,帕斯卡派他的姐夫到这座山峰进行压力试验。这位法国科学家、哲学家是个残疾人,因此不能亲自登顶。但他相信只要得到正确的指导,任何人都可以进行实验。帕斯卡推测,由于山顶的空气质量比山脚下要小,气压计中的汞柱应该会下降。在多姆山,帕斯卡的假设得到了证实,在巴黎的圣雅克塔上重复了该实验,结果相同。

更重要的是,使用汞柱的变化来确定海拔高度。因此在18世纪开始测量山峰。意大利科学家（电池的发明者）亚历山德罗·沃尔塔于1777年和1787年前往阿尔卑斯山进行空气和电力实验，尽管他震惊于阿尔卑斯山的环境，但他仍成为阿尔卑斯山最热情的测量者之一。在接下来的几个世纪里，山脉成为系统科学调查的对象。作为观察世界的平台，山脉仍然保持着神圣感。

钦博拉索山

征服山脉并不仅仅意味着标注它们准确的海拔高度，还意味着要给它们命名，更重要的是，在它们周围设置概念上的边界。到了19世纪初期，人们不仅将山脉视为崇高的奇观之地，还将其视为陆地上的高地或垂直的微观世界。例如，陪同库克进行第二次航行的德国博物学家约翰·赖因霍尔德·福斯特被南非桌山的岛状震惊。

1799年至1804年，普鲁士的博物学家亚历山大·冯·洪堡携带三十多种科学仪器在南美洲旅行。与福斯特和其他博物学家不同，洪堡对收集数据和标本本身并不感兴趣，而是对标本分布的基本原理感兴趣。洪堡奉行自然界和谐、多样性统一的理念。他认为，植物和有机力量是按照数学上可确定的界限分布在全球各地的，可以用与其他现象（如热或磁力）相同的方式绘制地图。因此,他将综合优势置于孤立的事实之上,例如他批评林奈植物学家在细节上耗尽精力,而忽略了大局,就像他们发现新物种及其分类一样。他说,他宁愿知道一个已知物种的确切信息和分布的海拔极限,也不愿发现 15 个新物种。

正是出于这个原因,洪堡选择在南美内陆地区进行观察。安第斯山脉的生物和气候多样性,是最适合洪堡进行研究的地方。这位德国自然学家设想,在安第斯山

朱利叶斯·施拉德,《亚历山大·冯·洪堡》,1859 年,油彩画

脉建立一个巨大的观测站，将宇宙的所有种类都囊括在内。这是一个不同寻常的空间，在这个空间里，全球关于山脉的资讯都可以找到。

与索绪尔在勃朗峰上的情况一样，洪堡在钦博拉索发现了地球表面和周围大气层向观察者呈现的所有现象，并亲眼看到了他五年来在热带地区研究的总体成果。当时被认为是将大片领土浓缩成一个垂直上升的空间典范。垂直上升4 800米时，各种各样的气候接踵而至，像地层一样层层叠叠。在那里，人们一眼就能看到雄伟的棕榈树、潮湿的簕竹属和种类繁多的麝香科植物，而在这些热带植被的上方，则出现了橡树、梅花树、香蒲等植物，就像在欧洲人的家中一样。在那里，不同的气候一个比一个高，一个阶段一个阶段地排列着，就像植物区一样，它们的演替受到限制。观察者可以很容易地追踪热量减少的规律，因为这些规律不可磨灭地刻在科迪勒拉山的岩壁和突兀的悬崖上。

洪堡在著名的《热带物理画像图》中用钦博拉索山来体现他的观点。钦博拉索山位于地壳深处和大气层较高的区域之间，这里是一个有序的微观世界和各种元素的交汇区域。地球的整个气候和植被谱系按照海拔高度垂直映射在钦博拉索山上。其他的现象也同样与海拔变化有关，如重力和大气压力的逐渐减弱、天空蓝色的加强、光线的减弱等。当观众在不同的层次上攀登时，他们会反复想起包

山脉

亚历山大·冯·洪堡,
《热带物理画像图》,
1807年

括勃朗峰在内的山峰高度。

钦博拉索山在画作中再次出现,包括伯格豪斯在《物理学报》上发表的世界植物分布图。这一次,该山与位于高纬度地区温带的勃朗峰和珀杜山以及寒带地区的拉苏利特耶尔玛山峰并列。在这幅画中,观赏者可以穿透植被、地幔,一睹各山峰复杂的地质构造。在海王星主义者和冥王星主义者关于山峰诞生争论最激烈的时候,洪堡把注意力转向了地球的内部构成上,从而关注山峰的物质构成和地球的物理学知识。

在这个和其他类似的表述中,钦博拉索山既是博物学家精心绘制的广阔宇宙的一个概况,也是其中的一部分。然而,反复的精确测量和绘图只是参与创作的一种方式。洪堡的方法是双重的。除了对景物形貌的细心观察和对物理规律的理性探究,这位德国博物学家还倡导在诗歌表现上放弃大自然的宏伟性。他认为,与山体及

第六章　山脉、科学和技术

其元素的感性交融,有助于科学家与宇宙实现亲密的精神接触:

> 当人类的思想第一次试图对其物理世界进行控制,并努力通过冥想来穿透丰富的自然生命,人类感觉自己被提升到了一个高度,当他拥抱广阔的地平线时,不同事物融合在一起,它们仿佛笼罩在虚无的面纱中。

山地景观使洪堡能够一目了然地表现自然,在局部规模和宇宙之间进行调和,掌握激发地球活力的隐藏力量。他写道:"无论在哪里,心灵都被自然的宏伟和广阔的同一感震撼,通过神秘的灵感说明调节宇宙力量的规律的存在。"然而,打动人心的并不是完全的统一,而是动人的景观多样性。洪堡认为,"每一个植被区,除自身的吸引力外,都有一个重要的特征,它给我们带来了特殊的印象"。

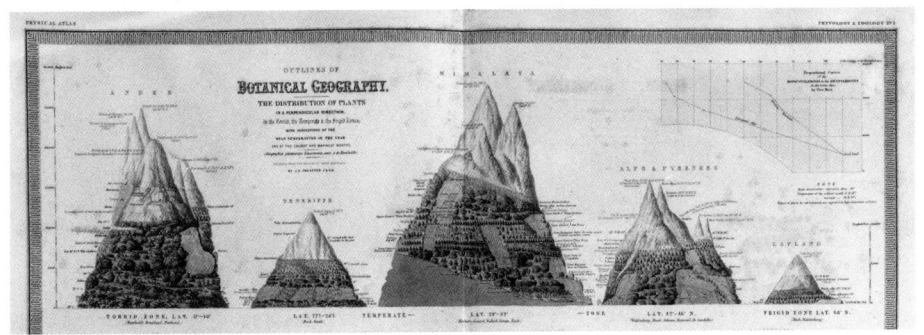

节选自伯格豪斯的《物理学报》上绘制的世界植物分布图,(1850年)

山 脉

弗雷德里克·埃德温·丘奇的巨幅油画作品最能体现这种印象。受洪堡著作的启发,这位美国艺术家在1853年至1857年前往南美洲旅行。丘奇追随这位普鲁士博物学家的足迹,试图捕捉赤道火山的壮观和热带景观的多样性。在1859年首次展出的1.7米乘3米的油画《安第斯山脉的中心》中,令人惊叹的植物细节勾勒出一个瀑布旁闪闪发光的水池,而远处白雪皑皑的钦博拉索山则在中间的暗色山坡后巍然耸立。就像洪堡的地图和图表一样,丘奇的画作不是快照,而是他在旅行中观察到的地形合成。这些画作涵盖了整个安第斯山脉的景观,从北极的尖峰,到温带,再到热带山谷,十分壮观。正如地理学家埃德蒙兹·邦克斯观察到的那样,"当然,没有一个地方可以让一个人同时看到如此广阔的大陆景象"。在这个意义上,丘奇的绘画是超现实主义的,同时

弗雷德里克·埃德温·丘奇,《安第斯山脉的中心》,1859年,油彩画

第六章 山脉、科学和技术

弗雷德里克·埃德温·丘奇,《热带风光》,1873年,油彩画

又是虚构的全景图。

丘奇在《热带风光》中采用并放大了传统的风景画,玩起了近距离和远距离的游戏。当光线静静地穿透热带雾气的层层叠叠,这位美国画家将细致的细节与远处隐约可见的山脉并列,将经验性的观察与想象并列。同样,洪堡从安第斯山脉眺望的景色总是以地平线上的雾气为特征,随着距离变远而逐渐失去清晰度和透明度。对于洪堡和丘奇来说,山地景观是动态的阈值。它们是可能性的空间,是现在和未来之间的交汇点。它们是地方和宇宙之间的中介,从而使人类的心灵能够激发地球活力。

浮士德

洪堡和丘奇的热带山景拥抱着全知的梦想。在某些方面，它们类似于神话故事中的使者梅菲斯特向歌德笔下的浮士德提出的观点。

浮士德退出了社会，开始了一场孤独的思想探索，最终给他带来的只有不满和绝望。他涉猎了人类知识的所有领域，从物理学、医学到神学，最终转向了黑魔法。这使他能够接触到宇宙的奥秘，获得了不一样的力量和生命力。这是洪堡在安第斯景观中寻求的力量。然而，对于浮士德来说，这种相遇不仅产生了顿悟，而且化解了万物。"这里的自然力量无处不在。"

自然界的能量对科学家来说不是外在的。他们以同样的方式激发他内心微观世界的活力，就像他们激发宇宙的活力一样。浮士德的内心是一座被压抑的能量火山，是欲望的深渊，其程度不亚于洪堡和丘奇设想的朦胧地平线。墨菲斯托向浮士德许诺，人类会经历各种生活，这个过程会让人成长。马歇尔·伯尔曼认为，这一过程使浮士德将自己塑造为一个有远见的人。耐人寻味的是，这些蜕变是以群山为标志的。

在悲剧的第一部分，孤独的科学家在他高处的居所俯瞰着他抛弃的中世纪世界。墨菲斯托带着他到那个世界里去体验醉生梦死和爱情，然后在不可思议的飞行中再次站起来。对浮士德来说,最重要的是不断移动,无论是在想象力上、视觉上,还是身体上。

> "那我是不是应该看看下面的世界,
> 沐浴在永恒的夕晖中,
> 静息的山谷,每个高度都在发光,
> 银色的小溪与金色的溪流交汇。
> 蛮荒的山,有洞穴的一面,
> 挡住了我的脚步。"

随着剧情的展开,新的高峰出现了,新的视野打开了。然而,浮士德所触及的一切,最终都会被他摧毁。

浮士德最后的蜕变再次发生在山上。在进行了各种体验,经历了所有的历史和神话之后,浮士德静静地站在一座狰狞的、嶙峋的石峰上,凝视着脚下深邃的孤独。乌云接近,停顿并落在突出的壁架上。墨菲斯托走近浮士德,两人进行了一场关于山的起源的对话,这与当代海王星主义者和冥王星主义者之间的争论遥相呼应,歌德对这些争论产生了兴趣,尤其是在他阿尔卑斯山旅行期间。梅菲斯特已经筋疲力尽:

> "你从无法估量的高度往下看,
> 看世界的财富,和它的辉煌景象。

山 脉

浮士德，1926 年

然而，你无欲无求，

你感觉不到深深的渴望吗？"

浮士德对他打哈欠。他们的对话毫无进展。然而，渐渐地，浮士德开始改变。"人类为什么要让事情一直这样下去呢？人类不是应该向自然界的暴虐傲慢发起进攻，以保护一切权利的名义同自然力量对抗吗？"

浮士德重塑自我成了一个开发者。他追求的不再是理论和远见的梦想，而是改造地球的具体操作计划。他思考着:"无边无际的大自然,我怎样才能把你变成我自己的?"随着这一想法的展开,浮士德得到重生。"在我的脑海里快速地跳出着一个又一个计划,让丰富的想象永远属于我!"第三个高潮出现了。这一次,它是一座山,不是由自然产生的,而是由人类劳动产生的。浮士德在山顶上指挥着他的整个新世界。他通过大规模的土地开垦工程,通过庞大的灌溉网络,通过城市规划,最终使这个世界成为现实:

"在阳光下,我注视着,人类精神的杰作,
用智慧锻造,
更广阔的人类居住地。"

朦胧的遥远地平线激起了浮士德对权力的无限渴望,也暗示了进一步规划和发展。对于浮士德来说,如同对洪堡(以及索绪尔)一样,世界已经成为科学家和围绕科学家而构建的巨大奇观。然而作为科学家、开发者的浮士德来说,在山顶上对自然进行排序不再是一个单纯的心理过程,而是一个对地面和社会产生切实影响的过程。规划师从高空俯瞰的视角实际地改变了地球,它将荒野变成了有序的、可居住的土地。

浮士德的故事反映了歌德对山脉的迷恋。对诗人来说,这个世界似乎是对人类的挑战和对人类的魔鬼式否定。当洪堡的愿望体现在浮士德身上时，浪漫主义的科学家试图激发宇宙的隐秘力量并找到自然界的秩序。浮士德继续前进，自己开始指挥世界。

高空观测

浮士德的蜕变发生在高处不是偶然的。山峰不仅是浪漫戏剧令人回味的环境。它们也是观察世界的隐秘平台，更是远离社会的魅力之地。因此，它们具有变革的潜力。

在大多数传统故事中，与世隔绝历来是精神启蒙的先决条件。在神话故事中，先哲、隐士跑到山间荒野，寻找精神上的宁静，与超凡脱俗和内在的自我有更真实的接触。在古代山脉被认为是植物和矿物的仓库。山是吉祥之地，因此是进行必要的修行可以达到思想觉醒或升华为超凡者的理想地点。

同样，古代的自然哲学家也被山脉赋予一种神圣的光环，他们冒险登上高耸的山峰。例如，约翰·曼德维尔爵士在1356年将阿索斯山顶描述为"智者的专属地"。

无论是在封闭的无菌实验室中，还是在偏远的山峰上，与世隔绝一直是现代科学实践的必要条件。隔离使实验可以在受控条件下进行复制。同时，偏远和高海拔也为各种研究提供了独特的环境。例如,高处已经被用来研究气象学,以及极端条件下的人类生理学,甚至模拟人类对地外空间的适应。德纳利山实验室于1982年建立在海拔4 000多米高的冰川上(阿拉斯加最冷的地方),被美国航空航天局用来探索小型孤立技术。

更值得注意的是,一个多世纪以来,山脉一直是现代天文观测的热门地点。在19世纪的最后几十年里,工业革命造成的空气和光污染加剧,使天文学家们把望远镜从城市转移到高处。利克天文台是第一座永久性的山顶天文台,于1876年在加利福尼亚州的汉密尔顿山上建立,海拔1 283米,之后高海拔地区的天文台陆续出现。比利牛斯山天文台建于1878年,位于法国比利牛斯山的比戈尔山,海拔2 877米,并于1904年安装了第一个圆顶和望远镜。全球各地新的天文台越来越多,瑞士少女峰的斯范克斯天文台为3 571米,1946年在玻利维亚安第斯山脉上建立的查卡尔塔亚天体物理天文台,海拔5 230米,还有最近在智利塞罗查伊南托的阿塔卡马天文台,高为5 640米。

19世纪末,天文台的位置在很大程度上增强了天文学家及其研究成果的合法性。山区天文台的科学意义似乎常常与它们的偏远程度成正比,在某种程度上,它弥补了实际研究地点(无论是月球还是火星)不可能到达

《阿索斯山顶上的智者们》,选自约翰·曼德维尔爵士的《曼德维尔游记》,1410—1420年

山区天文台

瑞士少女峰的斯范克斯天文台,高度3 571米

的缺陷。欧洲和美国的大众媒体描绘天文学家的方式类似于无畏的冰川探险家在危险的垂直景观中移动。天文台是他们的最终目的地,总是在画面外。

科技崇高

在此后的几十年里,山地荒野、阳刚之气和英雄主义的形象日益与科技融合,产生了新的审美情趣。科技崇高不是为了提升自然的纯洁和粗犷而抹杀或淡化科学设备和新技术,而是加强了自然与机器的结合。天文台成了画面的一部分。

19世纪末,随着铁路开始渗透到美国西部,大西洋下铺设了第一条跨洋电报电缆，科技力量与自然景观的融合已经吸引了西方的想象力。然而，20世纪20年代以来，无线通信，尤其是动力飞行，进一步增强了人们对科技进步的信心。就像歌德的《浮士德》一样，现代人要挑战并最终征服荒野和山脉。

《白朗峰风暴》是阿诺尔德·范克的第一部有声电影，最能体现科技崇高的美学。主人公汉斯是偏远的勃朗峰天文台的守护者。他与世界的唯一联系是通过一台收音机和一架偶尔飞越避难所的小型飞机。周围都是狂野的崇高景象，这些景象让一代又一代的登山者着迷，也让他们丧命。汉斯默默无闻的日常工作分为打理家务、在气象站记录观察结果、通过望远镜观察目标、与山谷中的其他科学家建立无线电联系。闲暇时，他还会通过显微镜观察矿物，或者干脆一边抽着烟斗，一边对着雄伟的风景沉思。

和范克的另一部电影《山脉》一样，以浪漫的景色为主，有峭壁雪山和浮云，有深邃的裂缝和恐怖的深渊。未被征服的大自然的寂静偶尔会被小飞机的引擎声和来自大型地面观测站的摩斯电码声打断。汉斯已经和科技分不开了。而他的得救也正是通过科学和技术实现的。在猛烈的暴风雪中，他冻僵的双手无法点火，只能通过收发器发出求救信号。一架小飞机从山谷中起飞，英勇地与暴风雪搏斗，到达汉斯身边。

除主人公和他们的设备与大自然的拼命斗争外，电影中还蕴含着对荒野的另一个技术挑战——荒野拍摄。范克崇尚技术,就像他崇尚自然一样,他总是把最先进的机器带到拍摄现场。在高海拔地区拍摄可能会持续几天,拍摄过程用他的一个工作人员的话说,就是"一种折磨"。

和其他山地电影的主角一样,《白朗峰风暴》的主角们从山上回来后也发生了变化。他们变得更智慧,精神上也更丰富。即使在电影中,山峰依然保持着至高无上的地位。勃朗峰夺走了负责地面观测站的教授生命,也几乎夺走了汉斯的生命。最终,通过慢动作相机的镜头

阿诺尔德·范克拍摄的《白朗峰风暴》中的片段

第六章 山脉、科学和技术

征服了自然。

在《白朗峰风暴》制作完成后仅三年,第一架飞机就飞越了珠穆朗玛峰,并从上面拍摄了它的照片。小说家约翰·布坎在《珠峰探险记》的前言中写道,"这次飞行是为了严谨的科学"。这个想法是利用航空和摄影技术来获得关于山峰周围地区的新知识。一系列以照片为基础的勘测带可以汇集成一条地图带。前些年人们进行了各种尝试,但正如布坎所写的那样,"珠穆朗玛峰仍未被航空征服,并将保持不可战胜的地位,直到遇到一台超强的发动机"。

这一壮举标志着视觉掌握自然的历史达到了顶峰。科学技术不仅把观察者带到了山顶,而且把他们带到了地球的最高点。科学家不再是简单地挑战野生自然,而是与自然进行真正的战争——一场由战术和技术统治的战争。

常识表明,征服这个巨人取决于战略和战术,其权衡程度不亚于任何军事战役中的战略和战术。如果机器的结构有缺陷,飞行员的判断错误或勇气不足,结果将是悲剧。

伊恩·道格拉斯·汉密尔顿驾驶着他的双翼飞机飞向珠峰,1933年4月3日

第六章 山脉、科学和技术

审美的吸引力不再是宏大的原始自然与人类技术并列，而是"人造的崇高足以达到自然的规模"，正如布坎所观察到的，休斯敦-埃马斯特探险几乎与马洛里悲剧性的攀登同时进行。

这两次远征是典型的新旧交替，永远共存于世界；一次是利用科学的发现来应对时间和空间上的挑战；另一次虽然有科学的帮助，但依靠的是人类的坚韧和四肢的力量。

在意大利，山峰不仅可以被照相机的镜头或发动机的动力征服，而且可以还被隧道、柏油路和桥梁穿过。高压塔、水坝、人工盆地和起重机成为明信片、海报和纪念照片上庆祝阿尔卑斯山新景观的基本要素。被征服的山地风景也引入了发电厂，比如位于贝卢诺省附近的维尔泽内的阿奇列·加吉亚水力发电中心墙壁上的马赛克装饰。从高斜角度拍摄，围绕着皮亚韦河集水区山峰

马尔莫拉达上的桥，摘自 1955 年亚德里亚蒂卡电气协会纪念专辑

的不再是无用的荒野或浪漫的风景，而是该地区的水库。它们不再是全景平台，而是公用设施。

不管是出于科学的动机，还是出于追求登顶的简单愿望，或者两者兼而有之，洪堡的南美漫游和珠峰探险以及其他探险，都是基于一种浮士德式的拓宽人类视野的不懈愿望。科技创新夸大并加速了这一愿景，还改变了格局。但与此同时，它也最终产生了相反的结果。

在20世纪20年代和30年代，美国环保主义者和城市生态学家本顿·麦凯主张将荒野的价值作为过度城市化社会的解药。麦凯担心美国人越来越疏远自然，并对军国主义和帝国主义的长篇大论感到不安。在1921年的一篇文章中，他为读者展示了阿巴拉契亚山峰上空的景色。这一次，生态学家没有使用飞机，而是想象巨人沿着山脊站在高处，他的头周围飘着浮云。"巨人从那里会看到什么呢？"麦凯问。

从东北最高的华盛顿山出发，他的视野进入了美国最原始的快乐狩猎场之一的"北部森林"。穿过伯克希尔山脉到卡茨基尔山脉，他第一次看到拥挤的东部，从波士顿延伸到华盛顿的一连串烟雾缭绕的蜂巢城市，包含了阿巴拉契亚干涸地区三分之一的人口。

巨人随后将目光移向宾夕法尼亚州，在那里他注意到了更多的烟柱，斯克兰顿和匹兹堡之间的大型工厂摆脱了现代工业的基本原料——铁和煤。然后，他进入阿巴拉契亚山脉南部的森林荒野,并沿着俄亥俄州上游的大分水岭继续前行,在那里他注意到流向废墟的水,有时是可怕的洪水,这些水能够产生难以计数的水电能源,并为许多下游的河流带来航运。

这里的山脉继续发挥科学观测站的作用。然而,这一次,它们不仅是自然的瞭望台,而且是社会的瞭望台。巨人从他的阿巴拉契亚天文台看到的,正是浮士德从他的人工山丘设想的。巨人不过是浮士德而已,一个现代的开发者。"他现在在落基山脉以东的最高点米切尔山的山顶上休息,用他那长长的手指数着他经过的天际线时那些尚在等待发展的机遇。"

然而,对麦凯来说,从高处俯瞰,并不像在多洛米蒂山那样,只是简单地研究自然的动态力量以及开发和发展的可能性,而是为土地和人民的可持续性提供了一个特殊的视角。麦凯敦促美国人从工业中心的忙碌生活中抽身出来,到山地去休闲,因为除中部各州的大草原外,美国大部分野生地区在高处:西部的锯齿状山脉、瀑布和落基山脉以及东部的阿巴拉契亚山脉。

阿巴拉契亚山脉是一个特别方便的地区,因为它距离该国人口最稠密的地区不到一天的车程。麦凯认为,有了合适的设施,这些地区"可以为大西洋沿岸的蜂巢城市的劳动者提供真正生活的气息"。这些设施将包括休闲营地,由一条通往整个山脊的小径连接。因此,麦凯的设想以另一个浮士德式的形象结束。

尽管麦凯将机械化文明称为"荒野",但他仍然希望完全现代化。一个理性的规划者在山顶上想象着"一个使自然界中的人与技术重新融合的新世外桃源"。然而,这个愿望只是自然保护主义的一部分,下一章将讨论这个问题。

约翰·缪尔和西奥多·罗斯福在约塞米蒂,1903 年

第七章　山脉和遗产

虽然我们不可能把一座山放在一个展示柜里，甚至不可能在它周围设置界限，但在我们心中，山仍然是明确界定的对象：供我们体验的实物，供我们消费的审美对象，以及需要保护和修复的脆弱对象。这些对象在概念上类似于博物馆的艺术品。正如下文讲的那样，山体修复是与博物馆一起发展起来的现代发明。然而，山作为一种物体，与博物馆里陈列的那些物体有什么不同，或者说有什么相似之处呢？为什么我们会把山当作美丽的物品？我们何时开始这样做的？更重要的是，这样做的后果是什么？山是如何塑造现代环境意识的？

山脉作为艺术品

2002年，希腊北部的克迪利翁山成为头条新闻。希腊裔美国雕塑家阿纳斯塔西奥斯·帕帕佐普洛斯发起了一项运动，将其雕刻成73米高的亚历山大大帝像。它旨

第七章　山脉和遗产

在纪念这位将文明带到整个希腊的人。

该项目引发了人们的好奇和愤慨。环境组织威胁要采取法律行动,以保护松树覆盖的省份不会变成一个主题公园。希腊考古学家和保护主义者也同样捍卫着古典的平衡理想,并认为该项目十分不合时宜,是希腊传统所不具备的典型例子。

具有讽刺意味的是,根据维特鲁维的说法,亚历山大大帝拒绝了一个离克迪利翁山不远的计划。他的建筑师迪诺克拉底计划将阿索斯山雕刻成一个巨大的雕像,他的守护者左手托着一座大城,右手托着一个可以接受山上所有溪流之水的碗。亚历山大的拒绝被后来的古典作家(以及当时的环保主义者)作为理性的表现,而不

菲舍尔·冯·埃尔拉赫在《历史建筑概论》绘制的阿索斯山,1712 年

是野蛮的狂妄。

帕帕佐普洛斯的项目听起来非常疯狂或天真，但它提出了有关环境保护以及我们赋予山脉的道德和审美价值的有趣问题。对帕帕佐普洛斯的反对者来说，克迪利翁山不应该变成人类的手工艺品。作为自然的宝贵艺术品，应将它保存下来。然而，通过人类的想象，这座山已经变成了一件手工艺品。

从昆仑山上的玉宫到翡翠般的戛弗山，再到中世纪的山脉链，虽然将山峰视为美丽的地理特征的历史源远流长，但在欧洲，山脉逐渐被人们视为艺术品。18 世纪末到 19 世纪之间，伯内特所谴责的"混乱的石头堆"与"无形状和难以言状的旧石"得到越来越明确。勃朗峰就是在这个时候出现在地图上的，它是由模糊不清的冰川或一些破碎的山峰组成的一座山脉。到 19 世纪末，它已成为完美的典范。

19 世纪的欧洲学者和旅行者将希腊的山脉称为古典雕塑。例如，在 1872 年牛津大学的《希腊地理讲座》中，亨利·范肖·托泽将阿提卡山脉描述为艺术创作，要求心灵必须接受洗礼才能彻底欣赏希腊的雕像。其他学者称希腊山脉为"过去的物体"。规模适中就像希腊人的思想以及希腊的雕塑和建筑。法国地理学家雷克吕将希腊北部的阿索斯山比作狮身人面像，将其顶峰比作高高的方尖碑，就像最近在欧洲各国广场上安装的那些方尖塔一样，而大卫·厄克哈特则将其描述为一根强大的

第七章 山脉和遗产

支撑云层的柱子。索绪尔称蒙坦威尔冰川（冰海的一部分）前的南针峰斜度光滑如艺术品的方尖碑。

然而，将山峰作为艺术作品最令人回味的概念是在约翰·拉斯金的著作和绘画中找到的。拉斯金多次前往阿尔卑斯山，在少女峰、弗里堡和夏蒙尼等地停留，研究山脉并进行写生。他在《当代画家》中用了整整一卷的篇幅来论述山川之美。艺术和阿尔卑斯山的地质学，是他一生的激情所在，在书中不断交织。拉斯金在实地观察的基础上，不断与科学家以及评论家进行讨论。拉斯金称，地质学家索绪尔和阿加西兹去了阿尔卑斯山，他也想去，只是想看看山脉，并想描述它们，由衷地喜

约翰·拉斯金的阿尔卑斯山素描，水彩画

欢它们。

对拉斯金来说，山是美的缩影，是每一道自然风景的开始和结束。它们似乎是为了向我们展示美而被创造出来的，这反映在他的画作和他最喜欢的艺术家约瑟夫·马洛德·威廉·透纳的画作中。拉斯金认为，透纳的伟大之处在于他成功地表达了风景的诗意，却没有放弃或歪曲事实。他声称，透纳的阿尔卑斯山画作在风景中，就像埃尔金大理石或躯干在雕塑中一样。

拉斯金多次把山比作雕塑，并将其特征与方尖碑、移动的大理石路面、"雪穹"，甚至法国老房子的屋顶或城堡的古老石头进行比较。他最喜欢的一座山峰马特洪峰，每年都会吸引成千上万的游客，拉斯金将其描述为一座由一块块石头凿成的雕塑。他写道："它的悬崖是一座不变的纪念碑，似乎是很久以前的雕塑，巨大的墙壁仍然保留着最初雕刻时的形状，就像埃及神庙一样矗立着，精致、色彩柔和。"

近五个世纪以来，像"尖岩""扶壁""檐口"这样的建筑术语一直被应用于山体。19世纪70年代初，莱斯利·斯蒂芬认为，如果不使用建筑隐喻，几乎不可能描述最荒凉的山区风光。随着20世纪初职业登山运动的发展，这种隐喻在阿尔卑斯山旅游指南中继续流行。例如，第一本技术登山指南的作者杰弗里·杨谈到了花岗岩和尖岩的哥特式特征。然而在拉斯金的著作中，这种隐喻呈现出不同的色调。山脉蕴含着深刻的美学意义，而这

第七章 山脉和遗产

两者是紧密相连的。

山脉有岩石的大门、云层的路面、溪流和石头的合唱团、不断有星星划过的紫色拱顶。它们似乎是为人类建造的,就像学校一样;为学生准备了满满的课程,为工人们准备了简单的照明手稿,为思想者准备了安静的苍白回廊。

对拉斯金来说,山是神圣之爱的最高和最具体的表现,原因有三个:第一,高山是净化空气的;第二,它们维持着河流的流动;第三,对拉斯金来说,最重要的是,它们被创造出来是为了取悦人类,唤醒他们的诗意。它们就像一座伟大而高贵的建筑,给人庇护、舒适感,并覆盖着强大的雕塑和彩绘传说。

《山脉的建筑特色》,约翰·拉斯金在《当代画家》中的素描画

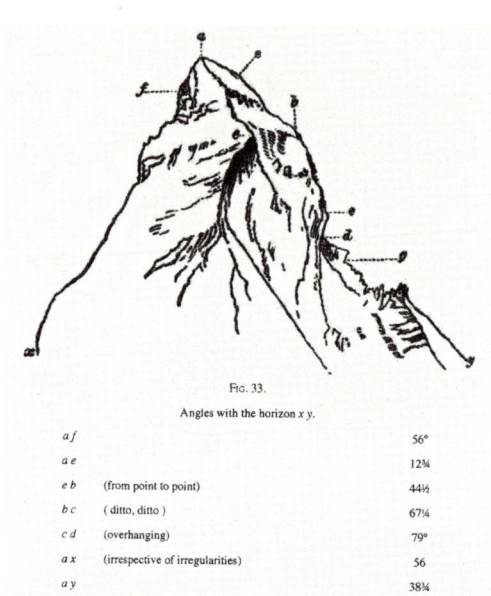

约翰·拉斯金在《当代画家》有关马特洪峰的素描画

FIG. 33.
Angles with the horizon x y.

a f		56°
a e		12¾
e b	(from point to point)	44½
b c	(ditto, ditto)	67¼
c d	(overhanging)	79°
a x	(irrespective of irregularities)	56
a y		38¼

约翰·拉斯金,《从里费尔峰的护城河看马特洪峰》,1849 年

第七章 山脉和遗产

对于地质学家和艺术评论家来说，山是宏伟的、坚持不懈的物质对象，但它们也是脆弱易被侵蚀的。就像建筑物一样，它们会随着时间的推移而退化。它们的历史是忍耐和毁灭的历史，是永恒的、衰败的历史。山脉并不是表面上看起来坚固的建筑，而是不断变化的纪念碑。拉斯金认为，只要懂得观察，地质的过去就随处可见。拉斯金和其他任何训练有素的观察者的"形态之眼"在山中看到的是它们以前的影子，是曾经创造的辉煌形

约翰·拉斯金，《亚眠大教堂西面入口的北拱门》，1856年，纸上水彩画

态的废墟。

拉斯金认为，山作为风景中的物体，是造物者的怜悯性在大地上留下的最明显的印记。造物者精心雕刻和凿刻它们。他的智慧不仅通过它们完美的形态得以体现，还在它们的结构中得以体现。它们的裂缝和悬崖是由他的手指塑造的，它们的壁架被刻在地表上，就像律法表上的字母一样，就这样被留在天上的云彩中。

艺术评论家会引导他的读者思考意大利不同类型的矿物、文艺复兴时期的艺术天才……

山脉作为遗产

如今，我们仍将山脉作为艺术品来谈论，不再将其作为雕塑的珍贵原料，而是更多的作为宝贵的工艺品来保护和向公众展示。也许在不知不觉中，我们像拉斯金一样，赋予山脉神圣的意义。我们把它们看作是必须保留"完整"或完好无损的东西；又如荒野之类的东西，不应被超越、侵犯或改变。

1988年，瑞士瓦莱州一个地方公社的社长提议在山顶修建一堵干石墙来人为增加福莱切宏峰的高度，他遭到了激烈的抨击。19世纪时，这座山的海拔高度估计为4 001米。然而，后来的测量结果将这一数字降低到3 993米。这堵墙可以恢复它作为4 000米山峰的地位，从而吸引更多的登山者来攀登它。一些登山者承

第七章　山脉和遗产

认，他们之所以放弃攀登，是因为该山峰不属于这一类别。

与帕帕佐普洛斯的项目不同，这次的提案不仅引起了学者和环保主义者的批评，首先还引起了普通市民的批评。当地甚至全国报纸上都刊登了抗议信。

在大西洋的另一边，反对在阿巴拉契亚山脉清除山顶的基层协会和其他地方团体也提出了类似的观点。如

西弗吉尼亚州清除山顶

今，山顶移除是该地区最主要的采煤方法。这种技术始于20世纪70年代，是用炸药爆破整个山顶或山脊，使下面的煤层暴露出来。每次最多可以移走高达120米的岩石和土壤，而这些多余的岩石和土壤中含有有毒的采矿副产品，经常被倒入附近的山谷中，对环境和人类健康造成灾难性的影响。

迄今为止，该地区已有470多个山顶被炸毁。与希腊和瑞士的提议不同，这里的利害关系当然要大得多。然而，人们的反应是相似的。响应山区撤离而兴起的组织将这种做法称为道德和精神危机，甚至将其列在环境危机之前。

帕帕佐普洛斯的项目、福莱切宏峰的墙和阿巴拉契亚山顶移除工程虽然各不相同，但有一些共同的特点。首先，山脉被视为可以被操纵和调整的明确对象。第二，对它们的操纵是引起公众愤怒的原因。第三，对山体的改造被认为是一种道德威胁，理由与19世纪拉斯金等评论家所使用的叙述类似，称其打破了美与平衡、圣洁与真实。但为什么对山的改造在道德上是不可接受的呢？

答案在于现代人将山脉视为遗产。遗产确实具有神圣的品质。大卫·罗温索认为，对遗产的崇拜是一种新近流行的信仰；它是一种精神上的职业，就像护理一样。在现代西方，遗产已经成为一种自觉的信条。

环境的修复和保护与博物馆发展并驾齐驱，至少在

在阿尔卑斯山建造检查坝，1890年

最开始，人们将重点放在山脉中。乔治·珀金斯·马什受到修复阿尔卑斯山脉皮埃蒙特的启发，并反过来激发了他的灵感。在意大利期间，他不仅观察了这些山脉是如何被人类破坏的，而且还观察了如何通过人工重新种植树木和重建河道来恢复它们的状态，库内奥的土木工程师称之为"山区复苏"。约翰·缪尔的环境斗争同样发生在加利福尼亚内华达山脉金矿开采和砍伐森林地区的中心。他反对赫奇水库的修建，使得赫奇水库在1906年成为国家公园，并成为整个20世纪为保护荒野而斗争的标志。

在19世纪之前，自然而非人为因素被认为是造成环境退化的主要原因。马什颠覆了这一假设，主张"修复"自然。他认为，修复可以挽回一些已经造成的损害。然而，环境的保护和修复与保护艺术遗产一样，处于两难的局面。是保护还是修复？保存什么？何时修复？干预到什么程度？重建多少？

马什在其影响深远的《人与自然》一书中说：

"在重建被破坏的结构时，人类必须与自然界合作，因为先辈的疏忽或肆意妄为使得这些结构无法继续维持下去。人类必须帮助大自然为山坡重新披上森林的外衣，从而恢复大自然为山坡提供的水源。"

相比之下，穆尔将荒山比作人类最神圣的地方，并主张对它们进行最严格的保护。他攀登了该地区的许多山峰，包括大教堂峰和达纳山，他写道：

"我们身处山中，山脉也在我们心中，点燃了我们的激情，使每一根神经都在颤抖，充满了我们的每一个毛孔和细胞。"

隐喻的交流仍在继续。环境哲学家彼得·洛辛称，

"西斯廷教堂和自然系统恢复比任由它们进一步腐烂要好得多"。然而,其他人则警告说,后者比艺术品或建筑物复杂得多。因此,修复山脉永远比修复人造工艺品要困难得多。修复工作总是以过去为中心进行的。修复者看到了更美好的过去、糟糕的现在和充满希望的未来。

遗产及其保护依靠的是信仰而不是理性的证明。修复是主观判断的问题,不是客观的真理。"我们选择和推崇我们的遗产,不是权衡其对真理的主张,而是认知上坚信它必须是正确的。"因此,艺术修复和山体修复的实施程度不同,可以采取不同的形式。这些往往取决于对"遗产"一词的理解。英文术语强调的是继承者(接受者),从而允许自由干预。相反,意大利语和法语强调给予者,从而限制调整的自由。在英国和北美,这种效果可以在重建遗失的纪念碑或历史重演中看到,这与欧洲大陆大多数考古遗址中的不干预主义相反。它们还体现在植树造林中,体现在增加新材料、引进植物新品种,体现在可持续的土地开发中。

山脉作为标志

对马什来说,为了进行干预,人类必须把自己与自然分开;他们必须把山变成物体。相比之下,对缪尔来说,人类是自然(和山脉)的一部分。然而,完整地保护它们意味着在保护区周围划定边界，也就是说，要将它们变成陆地上的岛屿，这是另一种形式的物化。到了 20 世纪初，在西方人的想象中，山脉已成为过去的绿洲，成为自然深层时间的再现，而不是现代性的加速时代。

落基山脉和加利福尼亚锯齿状山脉通过托马斯·莫兰和阿尔伯特·比尔施塔特等艺术家的画作、埃德沃德·迈布里奇的照片，特别是塞拉俱乐部摄影师安塞尔·亚当斯的摄影作品，成为环保主义的标志。无论是绘画还是单色摄影，这些图像都再现了欧洲风景画的画风。它们的阶段性对称构图将人们的视线引向消失点，同时限制了视觉范围。

山脉逐渐向参观者展露真面目，但同时保持自我封闭。山脉使约塞米蒂成为一个安全而又危险的避难所，既能躲避内战和第二次世界大战，也能躲避人类对环境的暴力摧残。在白云的半遮半掩下，或是在金色夕阳的照耀下，山峦坚实而又脆弱的形态，提供了一种理想的视觉形态。它们通过图书、展览、海报和小册子进行传播，极大地促进了 20 世纪西方（尤其是北美）大众对荒野的认识：荒野是一个脆弱的公园和保护区群岛，不该受到无限制的威胁。

自从被约塞米蒂确立为自然保护区，在北美，国家公园已经成为为子孙后代的精神利益而留存的宝地。如今，每年成千上万的游客涌向约塞米蒂，就像成千上万

阿尔伯特·比尔施塔特《约塞米蒂山谷》,1864 年,纸板油画

安塞尔·亚当斯《清除冬季风暴》,约塞米蒂国家公园,加利福尼亚,1940

的游客涌向罗浮宫去看原版《蒙娜丽莎》一样。

教科文组织的山脉世界遗产也有类似的说法。许多世界遗产地是山脉或位于山区：从几内亚和科特迪瓦之间的宁巴山自然保护区，到多洛米蒂山、马丘比丘、澳大利亚的乌鲁鲁卡塔丘塔国家公园。所有这些地方都被概念化，并被认为不会受如土地开发、旅游业膨胀和气候变化等外部威胁。它们已经成为环境和文化保护的新标志。宁巴山拥有独特的生态系统和多种特有动植物物种，但山中蕴含的大量铁矿藏使其成为开发的目标；相比之下，其他景点则受到大众旅游业的威胁。仅马丘比丘一地，每天就有近4 000人参观，造成山顶的环境恶化。而对多洛米蒂山而言，只有山顶才被视为世界遗产（不包括山谷）。

然而，最具代表性的"孤岛"世界遗产保护地可能是阿索斯山。与多洛米蒂山脉不同，该半岛的周

宁巴山自然保护区

希腊的阿索斯山

第七章 山脉和遗产

澳大利亚乌鲁鲁卡塔丘塔国家公园空中俯瞰图

边地区大部分是由自然边界定义的。它被列入名录是基于自然标准（植物种类和特有物种）和文化标准。与地中海周边的大多数半岛不同，进入半岛会受到严格的管理，从而保护它免受大规模旅游的影响。

如果它被破坏，毫无疑问，在很短的时间内，阿索斯山要么被修建成艺术博物馆，要么沦为荒废的遗址。

如果说阿索斯山已经成为保护自然、历史和精神的标志，那么其他山脉则成为气候变化的标志。随着气候变化，许多山地物种的生活轨迹正在向更高的地方迁移，

1993年和2000年乞力马扎罗山顶退化的积雪

欧洲、亚洲、北美和澳大利亚地区的树木生长线不断地变化。值得注意的是，不断缩小的冰川面积已经成为地球脆弱性、环境灾难性和物种威胁性的标志。乞力马扎罗山上的积雪正在不断融化；在过去200年来，加拿大圣伊利亚斯山的冰川已经后退了80千米。这两座山都被联合国教科文组织列入濒危景点名单，就像伊朗的巴姆古城、也门的乍比得历史古城和其他受到威胁的历史遗迹一样。

大众视野中的山脉

今天，山脉不再被简单地概念化为物体（或陆地上的岛屿），它们已经成为商品。博物馆学实践中也有相似之处。我们今天在博物馆里追求体验，而不是单纯的欣赏艺术品。立体模型、交互式屏幕和创新的展示技术使博物馆越来越便于参观者参观。博物馆不再是专家的专属领域，对大众也开放。同样，山脉不再是职业登山者或者自然主义者的专属领域，也对所有短途旅行者开放。

在过去的两个世纪里，人们越来越多地将山脉视为勾选的对象，将其分类和收集。在19世纪后期的苏格兰，这种观念被称为"门罗热潮"，即追求登上赫克托·门罗《一览表》中所列出的283座超过914米的苏格兰独立山峰。然而，在这里，将山脉作为个人收藏品的"科学"概念化是这种参与的先决条件。

如今，莱因霍尔德·梅斯纳尔的五座山地博物馆的建筑结构将多洛米蒂山脉勾勒出来。无论它们位于多洛米蒂山脉、安第斯山脉，还是喜马拉雅山脉，这些博物馆关注的并不是山脉和该地区的（有争议性的）地方史，而是将山脉视为全球遗产。梅斯纳尔攀登的全球高

山　脉

峰，每一座山峰都被制成博物馆中陈列的商品，这也许是"收集山脉"的最终方式。

山脉（像山脉博物馆）已成为大众消费的对象。2011年，在中国东南部的天门山一侧修建了一条玻璃栈道。作为中国参观人数最多的公园之一，天门山已经拥有世界上最长的山地索道。新的玻璃栈道，不到一米宽，建在岌岌可危的陡峭岩壁上，可以清晰地看到脚下可怕的深渊。

在大峡谷和挪威也建了类似的项目。1994年，挪威公共道路管理局启动了一个项目，目的是在全国范围内

位于南蒂罗尔州博尔扎诺附近的西格蒙茨克朗城堡的菲米安梅斯纳山博物馆

发展风景名胜路线网络。最近，在这些路线沿线的风景区设置了艺术装置，以方便人们欣赏崇高的山景。这个策展项目是挪威从戏剧性的全景景点进行风景消费的悠久传统的一部分。新的装置主要是利用 19 世纪的光学设备和全景图。其中一些装置由特殊的平台组成，标明了游客应该站在哪里观看奇特的自然景观。同时，它们使观众能够在安全舒适的地点安全地欣赏崇高的色彩并体验眩晕之类的极端感觉。

桑德斯和汤米·威廉森设计的斯泰格斯坦观景台都是由一块巨大的木制步行板组成，该木板从道路上延伸到空中 33 米。然而，面对壮丽的山峰，它却把注意力更多放在令人眩晕的观感上，而不是眼前的美景。正如贾尼克·坎佩尔德·拉森所观察到的，19 世纪的全景图是为了给观众一种置身于风景的感觉。斯泰格斯坦观景台致力于创造"置身于风景，使观者意识到她与自然正紧密地联系在一起"。像斯泰格斯坦观景台这样的平台夸大了峡谷的效果，将观者置于不可能的情况下，建筑的结构加剧了跌落、升至高处和极致危险的体验。它们在展示自然的同时创造了极端的观赏条件。

相比之下，其他由玻璃板和镜子组成的装置帮助观者"框住荒野"。克劳德玻璃是 18 世纪艺术家和旅行者用于欣赏风景画的小型有色镜子。例如设计师卡尔·维戈·霍尔姆巴克设计的内德·奥斯卡沙格伸缩式观景装

多洛米蒂蒙特里特山云端的梅斯纳山博物馆

克罗帕拉斯山上的梅斯纳尔山博物馆

第七章 山脉和遗产

中国天门山上玻璃栈道

置设在穿越松恩山（挪威最高的山路）的道路上，可帮助观者将特定的山峰隔离开，同时在支撑玻璃片的水平面上标出它们的名字。观者能够知道他们正在观赏的是哪座山峰。因此山脉不仅被框架化和客体化，而且被贴上标签，使它们变成了展示的对象。

桑德斯和汤米·威廉森设计的位于挪威的斯泰格斯坦观景台

　　如今从字面上看,山脉已经作为商品进入全球市场。最极端的例子来自奥地利。2011 年,卡尼克阿尔卑斯山的两座山峰被出售。基尼加山售价为 92 000 欧元,罗斯科普山售价为 29 000 欧元。这两座山被宣传为拥有阿尔卑斯山最美的景色,也是阿尔卑斯山爱好者和远足者的热门目的地。有 20 位客户表现出兴趣,但来自公众的广泛抗议阻止了这一计划,奥地利政府中止出售。奥地利人强烈反对将他们的山脉私有化。当地一位市长说:"这是一种在情感上触动我们的行为,因为山脉就像乡村森林一样,是属于我们的。"

　　即使没有任何结果,这个故事也提出了有趣的问题:

第七章 山脉和遗产

卡尔·维戈·霍尔姆巴克设计的内德·奥斯卡沙格伸缩式观景装置,挪威

在哪里设置界限?谁可以进入山峰?真的有可能在山脉周围设定边界,并给它定一个价格吗?拉斯金会怎么说呢?

后　记

　　有多种方法可以接近一座山：带着恐惧和敬畏从地面上看，它是一个全景平台；从山顶上看，它是一个独立的物体；从斜坡上看，它是脚下跳动的物体；从山腹处看，它是一个秘密的黑暗空间。每种方法都意味着不同程度的依恋、分离、沉浸和抽象化，也意味着身体参与和远距离沉思。虽然这些方法在人类历史上一直共存，但有些方法主导了特定的时代和文化。

　　将山脉概念化为可测量的科学对象和需要保护的艺术工艺品，主要是西方现代性的产物，从山顶俯瞰也是如此。然而，也有一种反历史概念与这一视觉和概念的掌握过程并行不悖。这是一段迷惑的历史，一段与正常轨迹分离的历史，一段时间似乎停止的历史。这是托马斯·曼《魔山》和娜恩·谢泼德《活山》的历史，也是长期居住在我们的世界并继续出现在我们的想象中有关山的历史。

　　与拉斯金不同的是，亨利·戴维·梭罗并没有把山看作是"物体"，而将其视为"未涉足的地方"。在

后 记

缅因州一座仅有 1 606 米高的克大定山上，作者邂逅了一种"另类"的景观，与阿尔卑斯山的上令伯内特震惊的景观有些相似，那是一种不属于人类的崎岖荒凉的景观。与其说是精心凿刻的雕塑，不如说是"一大片松散的岩石聚集在一起，就像天空下石头雨一样，它们掉落在山坡上，无处安放……是地球上一个不完整的存在……这就是我们听说过的地球，由混沌和旧夜组成……这是地球新鲜而自然的表面，因为它是永恒的"。

在拉斯金和梭罗创作时，越来越多的游客开始进入阿尔卑斯山。登山运动变成了一种壮观的运动，成群结队的游客把目光投向夏蒙尼、采尔马特和其他攀岩中心酒店架设的望远镜上，目的正是为了从远处体验惊险。正如维多利亚文学学者安·科利所指出的那样，"从登山者开始攀登到返回的那一刻，他们一直处于监视之下"。旅行记录、表演（如阿尔伯特·史密斯在皮卡迪利的表演）、全景图，以及 20 世纪 20 年代以来的阿尔卑斯山电影，都起到了望远镜的作用，因为它们将危险的登山体验和极端的风景带到舒适的城市家庭空间中。

珠穆朗玛峰的首次登顶为其他登山活动增添了新的动力。正如杰弗里·杨在 20 世纪 50 年代中期写的那样，"现代公众已经准备好阅读山峰历险记，以及其他一些感人的读物。时代一直都需要刺激感"。然而，他继

珠穆朗玛峰的星空

续说：

"剪断的绳索不再重要，现在她必须穿着钉子靴和休闲裤攀爬。最重要的是攀爬记录。在高度上的记录、耐力上的记录、岩壁上的九死一生，以及受伤、暴风雪……"

1950年至1964年，世界上有14个人登上了8 000米以上的高峰。1959年，以艾琳·希利为首的一群"现实生活中的女英雄"开始了第一次全女性的登顶，在喜马拉雅山脉的世界第六高峰卓奥友峰进行探险。所有这些壮举都经过第一人称的叙述,如莫里斯·赫尔佐格的《安纳普尔纳峰》(作者在病床上口述的,因为他在攀登海拔8 000米高峰时失去了手指)、约翰·亨特的《征服珠穆朗玛峰》、埃德蒙·希拉里的《高空历险记》、威尔弗里德·诺伊斯的《南坳》以及斯蒂芬·哈珀以第三人称描述的《女杀手峰》。

与著名的探险记述一样,以喜马拉雅为背景的探险书籍也取得了巨大的商业成功。例如,瑞士的作品《白蜘蛛》令一代又一代的登山者为之着迷。《触摸虚空》的作者乔·辛普森在《白蜘蛛》一书的序言中坦言,"我成了一名登山者,灵感来自我读过的最扣人心弦、最惊险的登山书籍"。

本书讲述了各种尝试攀登艾格峰北壁的故事,从1935年的马克思·森迪梅尔和卡尔·曼灵格的惨烈尝试,到后来其他的悲剧,直到1938年被第一次成功攀登,再到科特·戴姆伯格和沃尔夫冈·斯特凡在1958年的胜利。本书的书名来自一条险峻的蜘蛛形冰川,每个登山者都必须穿越这条冰川才能到达山顶。在这里,技术能力和神经受到了最极端的考验,几乎没有办法绕过它。

该书的特点是不断变换视角。关于成功和灾难的故事通常是通过望远镜的镜头展开的;在戏剧性的时刻,作者将镜头放大到主人公身上——暴风雪中他挂在绳子上,现在胜利地站在山顶上。然后,视线又移到望远镜上；再往上移到山上。在评论1957年的灾难时，哈勒讽刺地说道：

> "唯一没有出错的人是那些没有参加攀登的人。又来了几百人，把格林德瓦、阿尔皮格伦和小沙伊德克挤得满满当当，支付高昂的费用，整整一周都围在望远镜周围……天气竭尽所能，在自然舞台上上演了一场场壮观的表演。连续几天天气良好，当云层出现，间歇性地将舞台遮住时，它们只是提供了一个受欢迎的小插曲，这加剧了戏剧的悬念……许多观察者清楚地知道，死神掌管着这部戏，但他们不会因此而感到不安。他们只享受一种刺激感，同时又因为想到他们自己不会掺和到这种胡闹中去而感到些许安慰。"

与望远镜一样，20世纪50年代出版的登山书籍使读者能够并继续在温暖舒适的扶手椅上代入式体验登山的惊险和欣喜，使人们感到惊奇而难忘。

山地电影为山地提供了新的视角，但其方式与早期的山地电影不同，从顺从命运和接受自然的力量到现在的征服顶峰。与登山书籍一样，在冷战时期的阿尔卑斯山电影中，动作和记录取代了沉思。在《白塔》和《绝岭骄阳》等电影中，登山过程中丧生的登山者的儿女们冒着生命危险，实现父辈的梦想。

人迹罕至的山峰也变成了惊悚片的背景，因为岩石、雪和死亡交织在一起。令人不安的是，在克林特·伊斯特伍德的《勇闯雷霆峰》中，死亡最终超越了小说，在现实生活中传来噩耗。在拍摄过程中，一名年轻的替身和摄影师因落石丧生。

高山内部同样成为科幻小说的秘密场所和舞台。约翰·班德汉姆的《战争游戏》讲述了一个年轻的黑客无意中访问了山里的一台军用超级计算机，该计算机被编程用来预测核战争的可能结果。这个男孩以为这是一个电脑游戏，让超级计算机与苏联进行了热核战争的模拟。这引起了核导弹的恐慌，几乎引发了第三次世界大战。

如今，山脉似乎比以往任何时候都近，但其魅力丝毫未减。对登山书籍、电影和纪录片的需求似乎一直在上升。记者和作家的形象与登山者的形象相互融合，探究、自传和艺术实验与岩石和冰雪交融。乔恩·克拉考尔的畅销书《艾格之梦》和《进入空气稀薄地带》就是这种创造性融合的好例子，因为作家讲述了他攀登标志性山峰（如艾格峰）的尝试，以及他在珠穆朗玛峰上的悲剧经历（1996年他参加的一次探险活动，8人死亡）。然而，当1999年英国广播公司赞助了一次探险活动，以搜寻马洛里和欧文在暴风雪中丧生前是否曾到达珠峰顶峰的证据时，登山、奇观和追忆之间的界限被永远地打破了。在探险过程中，发现了马洛里的尸体。近年，安东尼·格芬的电影《最狂野的梦》讲述了马洛里和75年后找回其冰冻尸体的登山者的交集故事。

相反，世界著名的登山家则因作家和演员的身份而声名大噪。光是莱因霍尔德·梅斯纳尔就出版了60多本书，并且是各种电影和纪录片的主角和撰稿人。梅斯纳尔是第一个在没有氧气的情况下独自攀登珠峰的人。他也是第一个攀登世界上所有8 000米高峰的人。他的书被翻译成多种语言，证实了现代观众追求的是"纪录"，而不是纯粹的浪漫戏剧。然而，梅斯纳尔的写作超越了登山运动的技术性和悲情性。对他来说，登山是一种生活哲学：

"对我来说，攀岩不只是一项运动。危险和困难、风险和冒险都是其中的一部分。我被一种神秘感吸引，被迫只能依靠自己。攀爬意味着在空旷的空间里活动，自由地敢于做一些规则之外的事情，进行实验，实现对自然更深层次的认识。"

梅斯纳尔的哲学最近被应用到登山以外的领域。在他的《移动的山峰：生活和领导力的教训》一书中，登山者的技巧和经验（如苦行者的专注和冒险能力）被转化为成功管理的经验。因此，当代登山者不仅成为作家和记者，而且自觉地成为哲学家和生活大师。"从前是对孤独的高山的热情,如今是对高山主义的哲学思考。在一次伟大的冒险经历刺激下,如今的生态平衡已成为人们的首要任务。"

随着积雪的融化,山脉越来越多地被视为怀旧的对象,是"未开发的地球"的碎片,或者是消融在不确定未来的真实的岛屿。同时,它们继续扮演着其他角色,生离死别的地点。与普通人分离的最终举动也许在于颤抖。辛普森提到,登山的本质是恐惧和兴奋的混合体。登山运动远不止是运动,而是一种无意义的生活游戏,正是这种荒谬的毫无意义的运动使人们如此上瘾。如果没有死亡,许多人就不会被它吸引。

当被问及为何要冒着生命危险时,登山者常常回答说他们被山"迷住"了。这个词暗示了一种超越理性控制的冲动。赫尔佐格回忆他攀登安纳普尔纳峰的经历时说:"我感觉到我的脚冻僵了,却没有注意到人类要攀登的最高山峰就在我们脚下!有多少人在这些山上找到了所有登山者所希望的结果。我下意识地感谢这些山脉,因为那天它们是如此美丽,我为它们的寂静而惊叹。我没有痛苦,没有烦恼。"

山脉不仅继续吸引着登山者,而且还吸引着那些在舒适的扶手椅上阅读他们的记录或观看电影的人,或者通过险峻而安全的人工平台(如斯泰格斯坦观景台或中国天门山的玻璃栈道)来观赏它们的人。山峰激发了极限运动所带来的新的"困难美学",包括山地自行车、极

库斯科风景图,秘鲁

限滑雪和双翼滑雪,以及自由和单人攀岩。这些做法使登山者摆脱了绳索的束缚,也摆脱了传统登山的集体活动性。

新的运动项目不仅肯定了现代主题的权威性,而且还通过一种新的技术(不再是绳索和望远镜,而是社交媒体、头戴式摄影机和翼装)来实现媒介化。戏剧学者乔纳森·皮奇斯认为,"视频分享网站上充满了山里的素材"。近年来,头戴式摄影机已被用于来记录攀岩路线。这些资料大多是"生命追寻"趋势的证据:收集、储存和展示一个人的整个生命,供朋友、家人,甚至全世界浏览。

然而,这些活动还有更令人不安的地方。极限山地运动虽然有很高的技术性和科学性,但死亡率很高。从这个意义上说,山脉已经不仅是一个被掌控的对象,山顶也不仅是努力和回报的象征。如今,山峰徘徊在商品

后　记

化和持久力量之间，对高度的恐惧是出于对自己非常规跳跃欲望的恐惧，也许这是现代性在平凡与崇高、生命与死亡之间的最终表达。